趣味科学实验

主　编◎刘　芳　叶　超　李敬白

副主编◎王朝君　张旭梅　刘　畅

西南交通大学出版社

·成都·

图书在版编目（ＣＩＰ）数据

趣味科学实验 / 刘芳，叶超，李敬白主编. —成都：
西南交通大学出版社，2022.8
ISBN 978-7-5643-8892-8

Ⅰ. ①趣… Ⅱ. ①刘… ②叶… ③李… Ⅲ. ①科学实
验－高等学校－教材 Ⅳ. ①N33

中国版本图书馆 CIP 数据核字（2022）第 160559 号

Quwei Kexue Shiyan
趣味科学实验

主　编／刘　芳　叶　超　李敬白	责任编辑／孟秀芝
	封面设计／原谋书装

西南交通大学出版社出版发行

（四川省成都市金牛区二环路北一段 111 号西南交通大学创新大厦 21 楼　610031）
发行部电话：028-87600564　　028-87600533
网址：http://www.xnjdcbs.com
印刷：四川玖艺呈现印刷有限公司

成品尺寸　185 mm×260 mm
印张　7.75　字数　188 千
版次　2022 年 8 月第 1 版　　印次　2022 年 8 月第 1 次

书号　ISBN 978-7-5643-8892-8
定价　35.00 元

前言

　　科学就在我们身边！科学"放"在富兰克林的风筝里，"藏"在牛顿的苹果里，"浮"在阿基米德的浴缸里，"泡"在瓦特的茶壶里……喜欢观察生活和动手实践的孩子总能发现新事物。科学比我们想象得更加有趣！你知道如何让光拐弯吗？你能自制指南针吗？你可以在水中画画吗？你能把二维影像变成三维立体的吗？你能在不破坏鸡蛋的情况下辨别生熟鸡蛋吗？……在本书中，你将邂逅这些有趣的科学实验，亲历一趟趣味科学之旅！

　　《趣味科学实验》是一本为少年儿童和科学教师精心编纂的趣味科学实验书籍，本书精选了103个有趣的科学实验，包括来自生活的小实验、有趣的小制作、奇妙的小魔术。本书的趣味科学实验涵盖空气、水、光、电、磁、力等方面的科学知识，涉及数学、物理、化学、生物、地理、工程与技术等多个领域，实验材料多取于生活，实验材料简单易得；实验步骤清晰详尽，配图直观精美；实验视频简短有趣，真人手把手教做实验；实验原理描述通俗易懂，便于建构科学概念；实验情境设计巧妙，激发探索欲望；实验记录设计留白，引发主动观察与思考；实验穿插思考链接，促进知识迁移与应用。

　　进行趣味科学实验，从一个独特的视角，带领孩子们去探索科学的奥妙，在"玩"的过程中，学习科学知识，培养科学思维。为科学教师提供有趣的科学创意，便于开展实验教学。

本书紧扣义务教育科学课程标准的要求，结合 STEM 教育理念进行编纂，可作为小学教育和科学教育专业"趣味科技实验设计与实践""科学综合实践活动设计与指导"等课程的辅助教材，有助于相关专业学生学习趣味科学实验的基本原理和基础知识，提高设计实验教学和开展科普活动的能力，树立"做中学、学中思、思中建"的教学理念。期待本书能够成为一本打开科学奥秘之门的钥匙，能够引领学生走进科学、走向未来。

《趣味科学实验》由刘芳、叶超和李敬白担任主编，王朝君、张旭梅和刘畅担任副主编，在本书的编写过程中，蔡紫阳、谷正颖、蒋雨赟、廖舒琴、毛倩、苏美涛、童颜、谢思思、张佳敏、张兴汗、张银银等同学（以姓氏字母为序）参与了实验拍摄与视频剪辑。感谢团队成员大力配合，认真编撰，精心拍摄！

由于编者理论水平和实践经验有限，书中不妥之处在所难免，真诚希望广大教师、家长和学生在使用本书的过程中提出宝贵的意见，我们将不断修订，使本书趋于完善！

编　者

2022 年 7 月

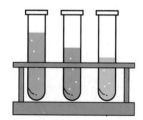

目录

玩转空气

巧用液体

挑战压强

神奇的光电磁

小实验大探秘

"魔"力

我能制气体

小小工程制作师

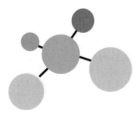

玩转空气

杯中的蜡烛

难度系数：★
建议时长：10 分钟

实验视频

在空旷的环境中，蜡烛可以燃得极其旺盛。在封闭的环境下，蜡烛的燃烧情况又会怎么样呢？一起来观察瓶中燃烧的蜡烛。

实验材料

短蜡烛 1 个、玻璃杯 1 个、打火机 1 个。

怎么做？

1. 将短蜡烛放至桌面。

2. 用打火机点燃该蜡烛。

3. 将玻璃杯倒扣在燃烧的蜡烛上方，观察实验现象。

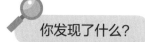

你发现了什么？

我发现：

蜡烛在玻璃杯里燃烧一会儿，火焰逐渐变小，最终熄灭。

还能做什么？

把玻璃杯换成塑料杯，又会发生什么呢？

你的实验记录

步骤 3 有何现象？

思考链接

为什么小火苗轻轻一吹就熄灭了？大火焰熄灭后轻轻一吹就复燃？

科学原理

空气中的氧气占 20%，燃烧消耗氧气，因此杯中的蜡烛由于缺少氧气而熄灭。

吹不翻的纸

实验视频

你的实验记录

步骤 2 有何现象？

思考链接

你知道露营时遇到大风如何防止帐篷被吹走吗？

你见过又轻又薄的纸，也有吹不翻的时候吗？一起来试一试吧！

实验材料

纸 1 张。

怎么做？

1. 将纸折成订书钉的样子。

2. 用嘴对着纸洞口用力吹气。

你发现了什么？

我发现：

纸像被粘在桌子上一样无法翻动。

还能做什么？

将两张纸平行相对拿在手上，用力向两张纸之间吹气，又会发生什么呢？

科学原理

气流速度越快，气压就越低。纸下方的气压降低了，纸外围的大气压力就会紧紧将它压住，因此它就无法吹翻了。

实验视频

你的实验记录

步骤 2 有何现象？

思考链接

在高铁候车时，人为什么要站在黄色线后面呢？

相互吸引的纸

多"有趣"的纸才能相互吸引呢？其实普通的纸张也能相互吸引，一起来试一试。

实验材料

纸 2 张。

怎么做？

1. 将两张纸平行相对拿在手上。

2. 用力向两张纸之间吹气。

难度系数：★
建议时长：5 分钟

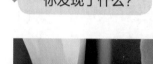
你发现了什么？

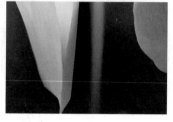

我发现：

纸张不仅没有相互排斥，反而相互吸引。

还能做什么？

用两根绳子吊两个苹果做同样的实验呢？

科学原理

空气流速快的地方气压较小。用力向两纸之间吹气时，此处的气压向下降，纸张在外侧的大气压力作用下就会相互靠近。

吹不走的乒乓球

难度系数：★
建议时长：10分钟

实验视频

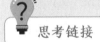

你的实验记录

步骤1有何现象？

思考链接

把杯子去掉，用吸管吹气，乒乓球还会跟着吸管移动吗？

当我们用嘴巴吹动一个轻盈的东西时，它会远离我们。是否有轻盈的东西是我们吹动它时，它不会被吹走的呢？

实验材料

吸管1支、杯子1个、乒乓球1个。

怎么做？

将乒乓球放于杯底，用吸管的一端靠近乒乓球，一边用嘴对着吸管的一端吹气一边用手将吸管拿出杯子。

你发现了什么？

我发现：

乒乓球一直跟着吸管走，不会掉下去，直到吸管移出杯子，乒乓球便会掉下。

还能做什么？

把乒乓球换成小纸片，又会发生什么现象呢？

科学原理

在乒乓球紧贴杯壁的情况下吹气，气被乒乓球阻挡，沿杯壁向两侧流出，吹得越快气体流量越大，流速越快，便出现了上端（吹气端）空气流速比下端（不流动或者缓慢流动的空气）快的状况，进而导致上方气压小，下方气压大，在空气压力作用下，乒乓球被下方的空气托着掉不下去。

步骤1有何现象？

步骤2有何现象？

步骤3有何现象？

思考链接

热气球能飞上天空的原理是什么？

空瓶吹泡泡

难度系数：★
建议时长：10分钟

小朋友们玩过吹泡泡吗？用空瓶吹过泡泡吗？

实验材料

洗洁精1瓶、温水1杯、热水1杯、空瓶1个、吸管1支。

怎么做？

1. 向乘有温水的杯子中倒入洗洁精，并搅拌。

2. 将空瓶瓶口倒扣入洗洁精溶液中，使瓶口沾上洗洁精溶液。

3. 使空瓶瓶口朝上，将空瓶底部浸入热水中，观察现象。

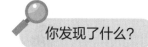
你发现了什么？

我发现：

瓶口的洗洁精膜鼓出了一个泡泡。

还能做什么？

夏天给轮胎打太多气，轮胎会爆炸吗？

科学原理

空气具有受热膨胀的性质，当我们把空瓶放进热水中，空瓶里的空气就膨胀了，把瓶口的洗洁精膜顶出了一个泡泡。

吹不倒的硬币

难度系数：★★
建议时长：5分钟

实验视频

你的实验记录

步骤3有何现象？

思考链接

飞机能在天空中翱翔所涉及的原理和本实验原理有区别吗？

把硬币放在桌子上，轻轻一吹就能吹跑。如果将硬币放在一定高度，侧面正对硬币进行吹气，硬币附近大气压会有变化吗？硬币能吹得动吗？

实验材料

缝衣针（大小相同）3枚、一元硬币1枚、火柴盒1个。

怎么做？

1. 将3枚缝衣针以等边三角形三个顶点为基准插至火柴盒底部。

2. 把硬币轻放在缝衣针上。

3. 从火柴盒上方对着硬币吹气。

你发现了什么？

我发现：

无论用多大的劲吹硬币，都无法将硬币吹倒。

还能做什么？

把嘴吹气换成用风扇吹，又会发生什么呢？

 科学原理

当在略低于硬币的水平方向吹气时，硬币下方的空气流速会增大，空气流速快的部分气压会减小；而硬币上方空气流速变化不大，气压较大，所以硬币上下方产生了压力差。这个压力差会导致上方大气压力把硬币向下压，因此我们不能轻易地将硬币吹落。

漂浮的乒乓球

难度系数：★★
建议时长：10分钟

实验视频

你的实验记录

步骤3有何现象？

思考链接

什么办法可以让乒乓球飘浮在空中吗？

小朋友们玩过乒乓球吗？玩过的小朋友都知道它的重量非常轻，可以用嘴向上吹起来，如果向下吹可以使乒乓球漂浮起来吗？

实验材料

玻璃漏斗1个、乒乓球1个。

怎么做？

1. 准备一个玻璃漏斗和一个乒乓球。

2. 将玻璃漏斗开口向下放置。

3. 将乒乓球放进玻璃漏斗开口内，从上向下用力吹气并松开手。

你发现了什么？

我发现：

向下吹气的时候乒乓球在漏斗口内剧烈摆动，但是没有掉下去。

还能做什么？

如果在漏斗口的水平面吹气，乒乓球会怎么样呢？

 科学原理　用嘴吹漏斗，漏斗内部空气流速加快，气压变小，小于外界大气压，乒乓球就被大气压托起来了。

气球里的呼号

难度系数：★★
建议时长：10分钟

我们生活中的气球，通过变形可以模拟各种各样的小动物，这个实验里它竟然可以模拟声音。咦，这是怎么一回事儿呢？

实验材料

气球1个、打气筒1个、六角螺母1个。

 怎么做？

1. 把六角螺母放到气球里。
2. 用打气筒给气球打气（不需要特别大），扎紧气球口。

3. 顺着同一方向旋转气球，观察现象。

 **你发现了什么？**

我发现：

气球会发出类似于呼号的"呜呜呜"的声音。

 **还能做什么？**

用硬币代替六角螺母做实验，会发生什么呢？

你的实验记录

步骤1有何现象？

步骤2有何现象？

步骤3有何现象？

思考链接

气球为什么会发出"呜呜呜"的声音？

 科学原理

螺母是六边形的结构，在气球内部滚动的时候，螺母的每一边会连续撞击气球产生振动，同时带动气球周围的空气振动，所以就产生了声音。

由浮变沉的蜡烛

难度系数：★★
建议时长：10分钟

你的实验记录

步骤2有何现象？

步骤3有何现象？

思考链接

杯内气压的大小与哪些因素有关呢？

小朋友们，如果用杯子倒扣住浮在水面的蜡烛，缓缓下压。请想一想，蜡烛会继续浮在水面，还是沉到水底呢？

实验材料

收纳箱1个（装有其体积2/3的清水）、蜡烛1根（短而粗）、打火机1个、镊子1个、大烧杯1个。

怎么做？

1. 用打火机点燃蜡烛。

2. 用镊子将点燃的蜡烛缓慢放入装有清水的收纳箱中，观察蜡烛的沉浮。

3. 将大烧杯杯口朝下并罩住水面上的蜡烛，缓慢地垂直向下压，直至压到收纳箱底部。

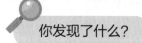
你发现了什么？

我发现：

开始时，蜡烛浮在水面，但随着杯子缓慢下移，蜡烛慢慢地沉至水底。

还能做什么？

在杯底粘上干纸巾，随着烧杯口垂直移动至水底，纸巾会变湿吗？

科学原理

当杯口与水面水平接触时，杯内体积全被空气占据；而当杯子垂直下压时，杯内空气的体积逐渐被水占据，其体积逐渐缩小，杯中的气压慢慢增大，最后随着杯口触及收纳箱底部，蜡烛在气压的作用下也就下沉至水底了。

隔杯灭蜡烛

难度系数: ★★
建议时长: 10分钟

把燃烧着的蜡烛吹灭是非常简单的, 可是如果需要隔着玻璃杯吹蜡烛, 你还能把它吹灭吗?

实验材料

玻璃杯1个、打火机1个、蜡烛1根。

怎么做?

1. 把蜡烛放在桌上。
2. 把玻璃杯放在蜡烛旁边。

3. 用打火机将蜡烛点燃。

4. 隔着玻璃杯用力吹蜡烛。

你发现了什么?

我发现:

蜡烛被吹灭了。

还能做什么?

如果用玻璃杯盖住蜡烛, 又会发生什么呢?

实验视频

你的实验记录

步骤1有何现象?

步骤2有何现象?

步骤3有何现象?

思考链接

为什么隔着玻璃杯也能吹灭蜡烛?

科学原理

空气是会流动的。当你对着玻璃杯吹气时, 杯子的后面会形成一个低压区, 高压区的空气会流动到低压区, 火焰就被这种流动产生的气流吹灭了。

不爱洗澡的纸巾

难度系数：★★★
建议时长：10分钟

实验视频

你的实验记录

步骤 1 有何现象？

步骤 2 有何现象？

步骤 3 有何现象？

步骤 4 有何现象？

思考链接

试着把杯子倾斜侧放进水槽，纸巾会发生什么样的变化呢？

　　洗澡澡、湿漉漉，洗澡澡、好舒服，洗澡澡、洗干净！现在发现一张"不爱洗澡"的纸巾，到底是为什么呢？

实验材料

装有清水的大烧杯 1 个、小烧杯 1 个、黄颜料 1 瓶、干纸巾 1 张。

 怎么做？

　　1. 向装有清水的大烧杯中滴入 2～3 滴黄颜料，并均匀扩散。

　　2. 把干纸巾塞进小烧杯杯底并压紧实。（不要让干纸巾掉下来）

　　3. 将小烧杯垂直向下倒扣并全部放入大烧杯中。

 **你发现了什么？**

我发现：

　　纸巾仍然是干的。

还能做什么？

　　将烧杯底部正对水插入大烧杯中，又会发生什么呢？

 科学原理

　　由于杯子中充满了空气，所以杯子杯口朝下竖直压入水中时，杯壁和水一起形成一个封闭的空间。当水"试图"通过杯口进入杯中，水"挤压"空气时，空气给了水一个反作用力。

实验视频

"隔岸观火"

难度系数：★★★
建议时长：20分钟

在生活中，你是如何点燃蜡烛的？你能隔空点燃蜡烛吗？

实验材料

打火机1个、蜡烛2根、吸管1根、托盘1个。

 怎么做？

1. 将两根蜡烛放置在托盘上。

2. 用打火机点燃其中一根蜡烛。

3. 将吸管平行于火焰，然后缓缓吹气。

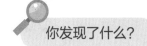 你发现了什么？

我发现：

火焰朝着另一个蜡烛芯的方向靠拢，然后将其点燃。

 还能做什么？

往两张纸中间吹气，你会发现什么现象呢？

你的实验记录

步骤1有何现象？

步骤2有何现象？

步骤3有何现象？

思考链接

为什么相临的蜡烛能被隔空点燃？

 科学原理

用吸管朝火焰一侧吹气，增大了空气流速，根据伯努利原理，流体速度越快，气压越小，火焰倾斜，从而点燃另一根蜡烛。

会动的纸蛇

难度系数：★★★★
建议时长：10分钟

你的实验记录

步骤3有何现象？

步骤4有何现象？

思考链接

你知道孔明灯的原理吗？

你见过会动的纸蛇吗？其实，利用身边常见的物品，就能看见"会动的纸蛇"。

实验材料

圆形卡纸1张、记号笔1只、镊子1个、筷子1根、茶烛1个、剪刀1个。

 怎么做？

1. 用记号笔在圆形卡纸上画螺旋线。

2. 用剪刀将圆形卡纸按螺旋线剪开，制成纸条。

3. 将筷子插在镊子最窄处后，将卡纸条固定在筷子顶端。

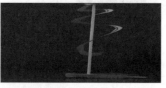

4. 将燃烧的茶烛放在卡纸条下方。

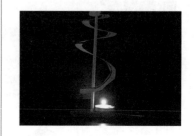

 **你发现了什么？**

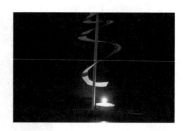

我发现：

"纸蛇"动了起来。

 **还能做什么？**

如果将"纸蛇"变粗呢？

 科学原理

燃烧的茶烛使空气受热，热空气向上流动，从而带动卡纸条。

巧用液体

不起雾的镜子

难度系数：★
建议时长：10 分钟

你的实验记录

步骤 1 有何现象？

步骤 3 有何现象？

思考链接

我们生活中哪些情况可以应用到这个小技巧呢？

小朋友们有没有注意到冬天洗完热水澡后，浴室的镜子上面覆盖了一层薄薄的水雾呢？请想一想，有没有什么办法可以让镜子不起雾呢？

实验材料

玻璃杯 1 个、洗洁精 5 毫升、镜子 1 个（直径大于玻璃杯杯口）、热水（80 ～ 100 摄氏度效果最佳）。

怎么做？

1. 向玻璃杯中倒入热水（直至杯口），然后用镜子盖住玻璃杯，等待 2 分钟，观察镜面。

2. 在镜子整个镜面上均匀涂抹洗洁精。

3. 重新倒一杯热水，再将镜面涂有洗洁精的镜子盖在装有热水的水杯杯口上，等待 2 分钟，观察镜面是否有水珠。

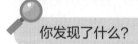
你发现了什么？

我发现：

没涂抹洗洁精时，镜面上覆盖了水雾；涂抹了洗洁精后，镜面不起雾。

还能做什么？

把洗洁精换成肥皂水，又会发生什么呢？

科学原理

热水冒出的气体遇冷会凝结成小水滴，同时普通镜子的表面是亲水的，所以一般情况下镜面会看见水珠；但由于洗洁精的主要成分是具有一半亲水性一半亲油性的活性剂，所以当洗洁精涂抹到镜子上时，亲水的部分与镜子亲和，而亲油的部分则露在外面，就好比给镜子镀膜，使它不再具有亲水性，因此镜子不会再起雾。

倒杯提水

难度系数：★
建议时长：10分钟

小朋友们知道怎样把鱼缸中的部分水平面提高吗？

实验材料

透明水箱1个、玻璃杯1个、色素1瓶、一次性筷子1根。

怎么做？

1. 将色素倒入水深10厘米的透明水箱里，用一次性筷子搅拌，使色素在水中快速扩散均匀。

2. 将水杯完全没入水中并装满水。

3. 将水杯缓慢提起，杯口不要超出水面。

你发现了什么？

我发现：

杯子里的水被提出了水面。

还能做什么？

如果把水提起来之后把玻璃杯底部去掉，会发生什么变化呢？

你的实验记录

步骤1有何现象？

步骤2有何现象？

步骤3有何现象？

思考链接

倒过来的木桶可以把水提起来吗？

科学原理

杯子装满水，杯子中的水有水压而外界是大气压，大气压76毫米汞柱足以支持10米多高的水柱，只要杯子在这个高度以下，水都"压不过"大气压，因此杯子里的水就掉不下来。

实验视频

你的实验记录

步骤 2 有何现象？

步骤 3 有何现象？

步骤 4 有何现象？

思考链接

为什么加入洗洁精后油和水就混合在一起了呢？

乳化作用

难度系数：★★
建议时长：20分钟

平时无论你怎样努力，就是没有办法让油和水两个好好相处。下面我们一起来学习一个小妙招，让油和水融合在一起吧。

实验材料

色拉油 1 瓶、洗洁精 1 瓶、色素 1 瓶、水杯 1 个、吸管 1 支、清水。

怎么做？

1. 往水杯中倒入适量清水。

2. 往清水中加入一滴色素，便于观察。

3. 往清水中倒入一些色拉油，这时可以看到，油和水是分离的。

4. 往杯中加入适量洗洁精，用吸管搅拌一下。

你发现了什么？

我发现：

原本分离开的油和水混合在一起了。

还能做什么？

如果不加洗洁精，一直搅拌混合液，油和水会混合在一起吗？

科学原理

洗涤剂能把一个个小油滴包围起来，均匀地分散在水中，这种作用叫"乳化作用"。在"乳化作用"下，原本分离开的油和水混合在一起了。

你的实验记录

步骤4有何现象？

思考链接

小朋友们开动脑筋，想一想除了洗洁精，还有什么东西能够帮助我们制作无字书呢？

白纸藏字

难度系数：★★
建议时长：10分钟

相信大家都听说过武侠剧中的无字书吧！看似是一张白纸，实则却暗藏玄机。准备好工具，一起来制作属于自己的无字书吧！

实验材料

洗洁精一瓶、A4纸1张、棉签1根、收纳箱1个、一次性透明纸杯1个、温水50毫升、清水（占据收纳箱的五分之一）。

怎么做？

1. 在一次性纸杯滴入10滴洗洁精，再加入50毫升的温水，搅拌均匀。

2. 用棉签蘸上第一步搅拌好的洗洁精，在纸上画上自己喜欢的内容①。

3. 用阳光晾干或用吹风机吹干纸张。

4. 将白纸写字面朝上放入预先准备好的装有清水的收纳箱中。

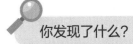

你发现了什么？

我发现：

隐藏在A4纸上的字，又显现在纸上了。

还能做什么？

把洗洁精换成洗手液，又会发生什么呢？

科学原理

洗洁精分子中具有亲水基团。将藏有字的白纸放于水中后，用洗洁精写字的部位与其他部位相比，能够更快的吸收水分。因此，纸张放于水中之后能区别于其他部位，显示出更加清晰的吸水痕迹，刚才写的字迹就显现出来了。

---

① 可在写字的一面做一个标记。

神奇的纸花

难度系数：★★
建议时长：15 分钟

实验视频

你的实验记录

步骤 2 有何现象？

步骤 4 有何现象？

思考链接

如果某片呈碱性的土地上种有绣球花，绣球花的花瓣颜色会有变化吗？会有哪些颜色呢？

在生活中，小朋友们见过会变色的纸花吗？一起来做一朵吧！

实验材料

喷壶 1 个、圆形滤纸 1 张、500 毫升烧杯 1 个、镊子 1 把、石灰水溶液 100 毫升、2% 酚酞溶液 100 毫升。

怎么做？

1. 向烧杯中加入 100 毫升石灰水[①]。

2. 把滤纸放入烧杯中浸没，等待 2 分钟，用镊子将滤纸取出并晾干。

3. 将晒干的滤纸折成一朵纸花。

4. 把酚酞倒入喷壶中，按动喷壶活塞，将酚酞喷洒在纸花上。

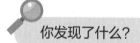
你发现了什么？

我发现：

白色纸花被酚酞喷洒的地方变为紫红色。

还能做什么？

把石灰水换成稀氢氧化钠溶液，又会发生什么呢？

科学原理

石灰水溶液呈碱性，而酚酞溶液遇碱会变紫红色，所以当酚酞溶液喷洒到被石灰水浸泡过的纸花上时，纸花被喷洒部位就会变成紫红色。

① 实验中用到的石灰水不可以长期暴露在空气中，石灰水与空气中的二氧化碳发生反应会导致溶液变性，碱性降低。

实验视频

你的实验记录

步骤 3 有何现象?

思考链接

我们剥了柠檬皮后,手就不能碰气球了吗?

柠檬爆破气球

难度系数:★★
建议时长:10 分钟

大家知道吗?尖锐的物品能轻易扎爆气球,柠檬也能爆破气球呢!柠檬和气球之间有什么秘密呢?

实验材料

柠檬 1 个、气球 1 个、打气筒 1 个、小刀 1 把(在成人协助下使用)。

怎么做?

1. 用打气筒给气球打气,吹满气以后打结放好备用。

2. 用小刀将柠檬切开。

3. 把柠檬的皮与果肉分离。

4. 一只手拿着气球,另一只手拿着柠檬皮,然后将柠檬皮上的汁液挤出,滴在气球上面。

你发现了什么?

我发现:
随着 Boom 的一声,气球就爆炸了!

还能做什么?

把柠檬汁液换成其他果汁,又会发生什么呢?

科学原理

因为果皮中富含芳香烃,而气球的主要成分是乳胶。芳香烃等化合物会局部溶解气球的乳胶层,乳胶层越薄,所能承受的压力就越小。当气球张力不均时,表层较薄的地方就会爆裂。

实验视频

你的实验记录

步骤 2 有何现象？

步骤 3 有何现象？

步骤 4 有何现象？

思考链接

冲水马桶是否利用了 U 形管虹吸现象呢？

颜料分你一半

难度系数：★★
建议时长：10 分钟

有一个神奇吸管可以不借助外力，吸取别的杯子里面的颜料水。这是真的吗？

实验材料

红颜料 1 瓶、空塑料杯 2 个、对称吸管 1 个、清水。

怎么做？

1. 往一个空的塑料杯子里倒满清水。

2. 往装有清水的杯中滴加 2～3 滴红颜料并使之均匀扩散。

3. 将对称吸管竖直向下倒插入颜料水中，直至吸管全部充满颜料水。

4. 将充满颜料水的对称吸管拿出后用手指堵住一端，插入另一空塑料杯中，观察现象。

你发现了什么？

我发现：

　　颜料水通过吸管不断流入空塑料杯中，一会儿后，两个塑料杯中的颜料水一样多。

还能做什么？

　　将对称吸管换成不对称吸管，又会发生什么呢？

科学原理

　　U 形吸管内装入颜料水后，最高点液体会在重力作用下往低位管口处移动，在 U 形管内部产生负压，导致左边杯子里的颜料水被吸进最高点，流入右边的杯子，直至两者的液面高度一致，颜料水才会停止流动，这就是经典的虹吸现象。

隐形墨水

难度系数:★★
建议时长:10分钟

空白纸上写满字,却成了看不见的无字天书!神奇之处在于它使用的是隐形墨水,怎样可以得到隐形墨水?

实验材料

柠檬1个、毛笔1支、水果刀1把、白纸1张、100毫升烧杯。

 怎么做?

1. 用水果刀把柠檬切成2瓣。

2. 用手挤压柠檬的同时用烧杯接住柠檬汁。

3. 用毛笔蘸取柠檬汁然后在白纸上写字。

4. 等待白纸晾干,观察现象。

5. 点燃蜡烛,将白纸放在蜡烛火焰上方5厘米左右处烘烤。

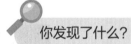 你发现了什么?

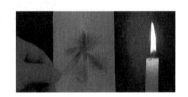

我发现:

步骤4现象:字体消失不见。

步骤5现象:纸上慢慢会呈现字体。

 还能做什么?

如果用白醋写字呢?

 科学原理

柠檬汁或白醋通过化学反应使纸上形成一种类似赛璐珞的物质,它的燃点①低于纸张本身,烘烤纸张有字迹的地方先烧焦,隐形的字就显现出来了。

---

① 燃点:气体、液体和固体可燃物与空气共存,当达到一定温度时,与火源接触即自行燃烧。

任性的水流

难度系数：★ ★ ★
建议时长：10分钟

实验视频

你的实验记录

步骤3有何现象？

思考链接

还有其他的方法能使水倒流吗？

倒水时，当水遇到出口时就流走了。会有不一样的情况吗？

实验材料

塑料瓶1个、小刀1把、清水、吸管1支、量杯1个、茶盘1个。

怎么做？

1. 取一个干净的塑料瓶，用小刀横切。

2. 取瓶子后半部分，倒置放在茶盘上，用小刀在瓶底钻出一个可插进吸管的孔。

3. 将吸管插入小孔，使吸管短的一端抵至瓶底。向瓶中加水至有水从吸管处流出。

你发现了什么？

我发现：

水加至吸管弯曲处时，水流出。

还能做什么？

提高吸管的高度还会发生这样的现象吗？

科学原理

吸管两端液体的重量差距造成液体压力差距，液体压力差能够推动液体越过最高点，向低端排放。

橙皮喷火器

难度系数：★★★
建议时长：10分钟

甜甜的橙子的皮可是有名的火箭助燃物，能做成炫目的"喷火器"，一起来试试吧！

实验材料

蜡烛 1 支、橙子 1 个、打火机 1 个。

怎么做？

1. 在黑色的屋子里，用打火机点燃蜡烛。

2. 用手剥下橙皮，把橙皮靠近烛火，用力挤压橙皮。

3. 观察橙皮喷出的汁液碰到蜡烛火焰时的现象。

你发现了什么？

我发现：

蜡烛火焰瞬间变大，并发出"噼啪"的爆裂声。

还能做什么？

把橙皮换成橘皮、柠檬皮，又会发生什么呢？

你的实验记录

步骤 1 有何现象？

步骤 2 有何现象？

步骤 3 有何现象？

思考链接

橙子皮有什么用途？

科学原理

橙子表皮中含有丰富的易燃有机物，用力挤压时，这些物质从表皮中喷出，遇到烛火后燃烧，能迸射出明亮的小火花。

巧用柠檬保鲜

难度系数：★★
建议时长：15分钟

吃不完的苹果放在外面，一段时间后苹果的表面呈褐色，有没有什么方法，可以给长期暴露在空气中的苹果"保鲜"呢？

实验材料

柠檬1个、苹果1个、水果刀1把、盘子1个。

怎么做？

1. 取一个苹果，用水果刀将苹果切成4瓣。

2. 取一个柠檬用水果刀将柠檬切成2瓣，将柠檬汁挤到盘中。

3. 取2瓣苹果，将盘中的柠檬汁均匀地涂抹到苹果表面。

4. 另外2瓣苹果不做任何处理。

5. 将苹果放在空气中一段时间后观察。

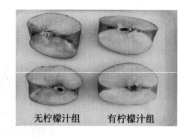

无柠檬汁组　　　有柠檬汁组

你发现了什么？

我发现：

切开的苹果上涂抹柠檬汁，会减缓苹果表面出现褐色。

还能做什么？

如果把柠檬汁换成白醋呢？

你的实验记录

步骤3有何现象？

步骤4有何现象？

步骤5有何现象？

思考链接

柠檬还具有其他什么作用呢？

科学原理

苹果果肉中有一种多酚物质，与空气发生反应会产生醌类物质，这个物质会使苹果氧化变色。而柠檬汁中有很多的维生素E和柠檬酸，这些可以在苹果的多酚与空气反应之前与其反应，减缓了苹果被氧化的过程。

五颜六色的液体塔

难度系数：★★
建议时长：15分钟

同学们都见过彩虹吧！把彩虹放到液体中又是怎样的呢？一起动手做一个五颜六色的彩虹液体塔。

你的实验记录

步骤5有何现象？

步骤6有何现象？

步骤7有何现象？

实验材料

食用油1瓶、酒精1瓶、颜料2种、试管1支、100毫升小烧杯4个、清水。

 怎么做？

1. 取两个小烧杯，分别加入10毫升清水。

2. 将2种颜色的颜料分别加入两个盛有清水的烧杯中，制成两种不同颜色的水。

3. 再取两个干净的小烧杯，分别倒入10毫升食用油、酒精，备用。

4. 取一支干净的试管，沿着试管壁缓慢向试管中倒入一种配好的颜料水。

5. 再将烧杯中的食用油、酒精依次倒入试管中。

6. 最后向试管中倒入另一种不同颜色的颜料水。

7. 观察此时试管中液体的分布。

 你发现了什么？

我发现：

试管中的液体出现分层现象。

 还能做什么？

如果先加酒精，又会发生什么呢？

思考链接

现实生活中还有哪些相似的现象？

 科学原理

不能互溶的液体会出现分层现象。水和酒精互溶，密度①小的液体会浮在密度大的液体上面，而食用油密度小于水与酒精混合物，所以出现水油分层的现象。

---

① 密度是一个物理量，用来描述物质在单位体积下的质量。

彩虹瓶

难度系数：★★
建议时长：15 分钟

小朋友们见过五颜六色的水吗？见过一杯水中可以出现不同的颜色吗？

实验材料

玻璃杯 1 个、塑料杯 3 个、食盐 1 包、勺子 1 个、注射器 1 支、色素 3 瓶、清水 1 杯、手电筒。

 怎么做？

1. 按浓度刻度依次向塑料杯中加入食盐（无、一勺盐、两勺盐）。

2. 分别向塑料杯中加入水至杯子三分之二处。

3. 依次向塑料杯中滴加不同颜色的色素一滴。

4. 用注射器沿着勺子背面按浓度由高到低依次向玻璃杯中加入色素水，用手电筒打光，观察现象。

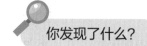 你发现了什么？

我发现：

杯子中的水出现分层现象，分为红、绿、紫三种不同颜色。

 还能做什么？

把食盐换成白糖，或者其他物质，还会出现这种情况吗？

 科学原理

等量的水里加入的食盐越多密度越大，密度小的食盐水可以浮在密度大的食盐水上面，于是就出现盐水分层的现象。

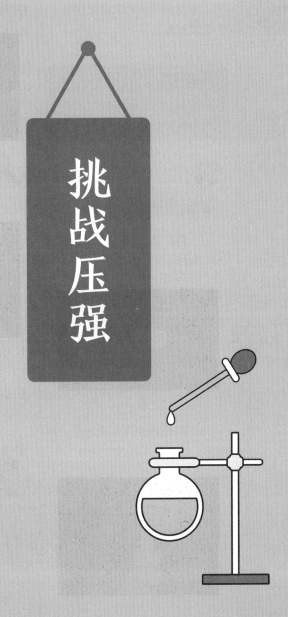

挑战压强

你的实验记录

步骤 3 有何现象？

思考链接

如果没有大气压世界会变成什么样呢？

生气的瓶子

难度系数：★
建议时长：5 分钟

我们知道蜡烛燃烧需要氧气，如果氧气消耗完会怎样呢？一起试试吧！

实验材料

塑料瓶 1 个、蜡烛 1 根、打火机 1 个。

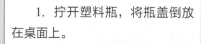

怎么做？

1. 拧开塑料瓶，将瓶盖倒放在桌面上。

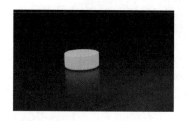

2. 将蜡烛放在瓶盖内侧，并点燃。

3. 用塑料瓶的瓶身盖住蜡烛，并拧紧瓶盖。

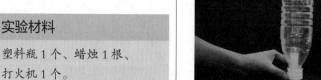

你发现了什么？

我发现：

蜡烛熄灭，瓶子瘪了。

还能做什么？

把塑料瓶换成玻璃瓶，结果会一样吗？

科学原理

蜡烛燃烧需要氧气，瓶子里的氧气燃烧完以后，蜡烛因为缺少氧气而熄灭，而瓶子因为缺少氧气，导致气压下降，外面的大气压就把瓶子压扁了。

实验视频

你的实验记录

步骤 1 有何现象?

步骤 2 有何现象?

思考链接

多拉动几次针管,实验现象还会一样吗?

针管沸水

难度系数:★
建议时长:5 分钟

针管中吸入水后,用手指堵住针管口并拉动针管,会发生什么呢?

实验材料

针管 1 个、杯子 1 个、温水。

 怎么做?

1. 往针管里吸 1 毫升温水并排出多余空气。

2. 用手指将针管口堵住并拉动针管,观察现象。

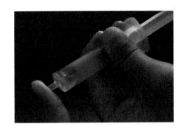

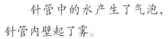 你发现了什么?

我发现:

针管中的水产生了气泡,针管内壁起了雾。

 还能做什么?

把温水换成冷水,又会发生什么呢?

 科学原理

拉动针管时,针管中的气压变小,水的沸点降低,温水就沸腾了,部分水变成水蒸气,遇到针管壁又凝结成水雾,水蒸气进入空气后放热,水温降低。

你的实验记录

步骤 1 有何现象？

步骤 2 有何现象？

步骤 3 有何现象？

思考链接

同学们看过拔火罐吗？火罐为什么可以吸在身上呢？

抓住气球的杯子

难度系数：★★
建议时长：10 分钟

家里的热杯子放在了湿桌面上过一会拿起来就会有吸力的现象，这是为什么呢？

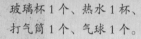

玻璃杯 1 个、热水 1 杯、打气筒 1 个、气球 1 个。

怎么做？

1. 用打气筒将气球吹至适当大小，并扎好口。

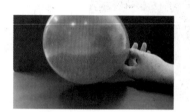

2. 往玻璃杯中倒入大半杯热水。

3. 放置一会儿后，将玻璃杯中的热水倒出。

4. 快速把玻璃杯倒扣在气球表面，轻轻拿起玻璃杯。

你发现了什么？

我发现：

气球被杯子抓起来了。

还能做什么？

如果把气球换成卡纸，还可以吸起来吗？

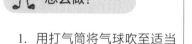

科学原理

玻璃杯中热水倒出来后，杯中的空气快速冷却，杯内气压变小，小于大气压，气球就被吸起来了。

实验视频

不漏水的小洞

难度系数：★★
建议时长：20分钟

你能不堵住洞口，让一个有洞的塑料瓶不漏水吗？

实验材料

塑料瓶1个、圆规1把、清水。

 怎么做？

1. 用圆规在塑料瓶底部扎一个小洞。

2. 用手指堵住小洞，向瓶内注满水，拧紧瓶盖，确保瓶内没有空气。

3. 移开堵住小洞的手指。

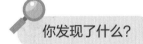 你发现了什么？

我发现：

有洞的塑料瓶居然没有漏水。

 还能做什么？

如果洞的直径更大一些，塑料瓶会漏水吗？

你的实验记录

步骤3有何现象？

思考链接

为什么手指移开后小洞不会漏水？

 科学原理

因为水注满了塑料瓶，塑料瓶口被拧紧之后，瓶内没有空气，且气体也无法进入，所以瓶内没有大气压力。而在瓶底的小洞处，外界的空气压力远远大于瓶中水的重力，因此，瓶外的气压把水压在瓶内，使水无法流出来。

水往高处走

难度系数：★★
建议时长：20分钟

你的实验记录

步骤4有何现象？

思考链接

大气压强在生活中有哪些应用？

俗话说"人往高处走，水往低处流"，这里有一种"魔法"能让水往高处走！快来试试吧！

实验材料

茶盘1个、玻璃杯1个、烧杯1个、色素1支、打火机1个、蜡烛1支、清水。

怎么做？

1. 往茶盘中倒入清水，清水的高度略低于蜡烛的高度。

2. 向茶盘中滴入3～4滴色素。

3. 将点燃的蜡烛放进茶盘里。

4. 将玻璃杯倒扣在茶盘里，罩住蜡烛。

你发现了什么？

我发现：

蜡烛熄灭了，随后玻璃杯里的水往高处走了。

还能做什么？

还有什么办法能让水往高处走呢？

科学原理

蜡烛燃烧消耗氧气，当玻璃杯内氧气被消耗完时，蜡烛自然就熄灭了。由于玻璃杯内的氧气被消耗完以后，没有空气流入杯内，所以此时杯内气压小于杯外气压，于是杯外的气压把水挤进杯中，最终达到杯内外气压相等。

隔空捏气球

难度系数：★★
建议时长：20分钟

你的实验记录

步骤 1 有何现象？

步骤 2 有何现象？

步骤 3 有何现象？

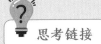

思考链接

如果换成较软的塑料瓶，实验会成功吗？

小朋友们会"魔法"吗？能够隔空改变气球的形状吗？

实验材料

空塑料瓶 1 个（材质尽量选择偏硬的）、小刀 1 把、气球 1 个、打气筒 1 个。

怎么做？

1. 用小刀在空塑料瓶侧底部划一个小口。（口不要太大，要以一个手指能够将其完全挡住为准）

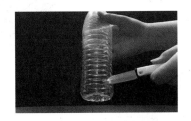

2. 将气球从瓶口塞入瓶中，并用气球吹口套紧瓶口。

3. 用打气筒将气球吹大后按住小口，再松开小口，观察现象。

你发现了什么？

我发现：

松手时气球变瘪了。

还能做什么？

打完气之后不按住小孔，又会发生什么呢？

科学原理

吹气球的时候不能完全堵住小孔，因为瓶内一开始的大气压会阻碍气球变大占据瓶中空气体积。在吹大气球的时候，瓶中大气压和外界大气压是相通相等的。打完气的那一刻堵住小孔，瓶子变为密闭的，若气球变小，会让瓶子里的气压也变小，这时候外面的大气压力就把气球往瓶子里压，不让它变小。松开手指后，瓶子和外面相通了，瓶子里大气压力不变，所以气球又变小了。

实验视频

吃鸡蛋的瓶子

难度系数：★★★
建议时长：15 分钟

鸡蛋富含胆固醇，营养丰富，可以帮助我们拥有一个健康的身体，所以小朋友们一定要吃鸡蛋。塑料水瓶也会吃鸡蛋呢！这是怎么回事？

你的实验记录

步骤 1 有何现象？

步骤 2 有何现象？

步骤 3 有何现象？

实验材料

煮熟的鸡蛋 1 个、打火机 1 个、玻璃瓶（瓶口稍比鸡蛋小）1 个、纸条 1 张。

怎么做？

1. 用打火机将一张纸条点燃，然后将点燃的纸条放进瓶子里。

2. 接着在瓶口放一个煮熟的剥壳的鸡蛋。

思考链接

瓶口的鸡蛋为什么不会掉？

3. 将瓶子旋转至瓶口朝下，摇晃瓶子。

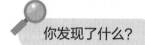
你发现了什么？

我发现：

鸡蛋与瓶口牢牢地黏在一起，瓶口朝下而鸡蛋不会掉落。

还能做什么？

不用力拉扯的情况下，怎样才能轻松地取下瓶口的鸡蛋呢？

科学原理

当鸡蛋放在瓶口之后，瓶子里的氧气被燃烧的纸条耗尽，导致瓶子里的气压变小，瓶子外的大气压挤压鸡蛋，将鸡蛋与瓶口牢牢地黏在一起，出现瓶口朝下而鸡蛋不会掉落的现象。

霸道的大气球

难度系数：★★★
建议时长：10分钟

气球吹一吹就变大，如果不吹，气球还会变大吗？一起来看看霸道的气球变大魔法！

实验材料

气球2个、粗吸管2根、橡皮筋2个、夹子2个。

 怎么做？

1. 取一个气球、一根吸管、一根皮筋，将气球套在吸管一端，用橡皮筋扎紧。重复操作，将另一个气球和吸管用橡皮筋扎起来。

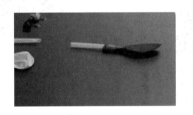

2. 将两个气球分别吹成一大一小，并将吸管靠近气球的一端折起来用夹子夹紧。

3. 用吸管将两个大小气球连接起来，松开两个夹子，静置观察。

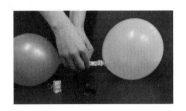

 **你发现了什么？**

我发现：

大气球变大了，而小气球变小了。

 **还能做什么？**

如果将一个没吹的气球和一个大气球连接在一起，会怎样呢？

 **你的实验记录**

步骤1有何现象？

步骤2有何现象？

步骤3有何现象？

思考链接

能用什么方法让气球自己变大呢？

 科学原理

在充气过程中，气球的表面张力与气球壁的薄厚成正比，气球越小附加压越大，小气球将气体压入大气球，当两者压力相当时就不再变化。

炮弹乒乓球

难度系数：★★★★
建议时长：10分钟

实验视频

你的实验记录

步骤3有何现象？

思考链接

生活中还有哪些因为伯努利定律而产生的现象呢？

小朋友们平时喜欢打乒乓球吗？小小的乒乓球都在我们的掌控之中。今天的乒乓球可不安分，它竟然可以像炮弹一样被发射出去，你想知道为什么吗？

实验材料

透明塑料膜1张、乒乓球1个、双面胶1卷、吹风机1个。

怎么做？

1. 在塑料膜的一端贴上双面胶，卷成直径为乒乓球大小的圆筒。

2. 保证乒乓球能够自由通过圆筒。

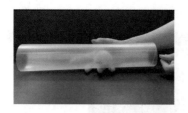

3. 将乒乓球放在圆筒之下的桌面上，用吹风机对着圆筒口吹风。

你发现了什么？

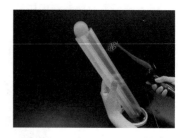

我发现：

打开吹风机后，乒乓球像炮弹一样被发射出去。

还能做什么？

尝试朝着圆筒其他部位吹风，乒乓球还能被发射出去吗？

科学原理

当圆筒上部有高速气流通过时，会与圆筒底部静止的空气之间形成很大的压力差。乒乓球被底部的高气压推进圆筒，并朝圆筒顶部的低气压出口飞去。1738年瑞士著名科学家伯努利发现了这一原理，称之为伯努利定律。

拯救硬币

难度系数：★★★★
建议时长：20分钟

你的实验记录

步骤3有何现象？

思考链接

根据这个实验原理，能够设计出其他简单有趣的实验吗？

在生活中，许多地方都用到了大气压，小朋友们想一想，如何利用大气压在手不碰水的情况下将水中的硬币取出来？一起来拯救硬币吧！

实验材料

解剖盘1个、500毫升烧杯1个、一元硬币1枚、蜡烛1根、色素水100毫升。

怎么做？

1. 点燃蜡烛并将其固定在解剖盘上，然后向解剖盘中放入一枚硬币。

2. 向解剖盘中倒入100毫升色素水。

3. 将准备好的烧杯倒过来，扣住燃烧的蜡烛[1]。

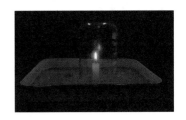

你发现了什么？

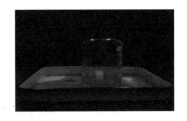

我发现：

解剖盘的水会吸进烧杯里，硬币便露出来了。

还能做什么？

把硬币放在烧杯口，又会发生什么呢？

科学原理

把烧杯倒过来扣住燃烧的蜡烛后，烧杯中的空气因蜡烛燃烧而膨胀，空气从杯中溢出；之后因为烧杯中缺氧，蜡烛会慢慢熄灭，烧杯中的气体开始冷却。体积缩小，使气压下降，外部的正常大气压便把盘中的水压进烧杯中，看起来就像是烧杯吸水一样，硬币也慢慢露出来了。

① 不要将硬币扣进烧杯里！

塑料瓶喷泉

实验视频

你的实验记录

步骤 3 有何现象?

思考链接

除了吹气,还有什么方法能够帮助我们制作塑料瓶泉水呢?

难度系数: ★ ★ ★ ★
建议时长: 10 分钟

广场上有各种各样的喷泉,小朋友们见过塑料瓶喷泉吗?请准备好工具,一起来制作塑料瓶喷泉水吧!

实验材料

塑料瓶 1 个、清水 450 毫升、超轻黏土 1 包、吸管 2 根(其中 1 根可弯曲)。

怎么做?

1. 向塑料瓶中加入 350 毫升的清水。

2. 用超轻黏土将两根吸管固定,然后用带吸管的超轻黏土塞住瓶口,其中一根吸管插入水中,另一根可弯曲吸管不碰水[①]。

3. 用力吹未接触到水面的吸管。

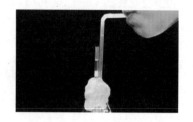

你发现了什么?

我发现:

水从另一根吸管里像喷泉般涌出来。

还能做什么?

把吹气换成吸气,又会发生什么呢?

科学原理 吹气后,瓶内水面上的气压增高,导致水被挤入另一根吸管,从而形成喷泉。

---

① 在用超轻黏土塞住瓶口时,不要留空隙,使塑料瓶呈密闭状态。

神奇的光电磁

错位的蜡烛

难度系数：★
建议时长：10 分钟

实验视频

你的实验记录

步骤 2 有何现象？

步骤 3 有何现象？

思考链接

在向锥形瓶中加水时蜡烛是真的断了吗？

小朋友们都点过蜡烛吧！如果在蜡烛前方放一个装有水的透明水杯，从水平面看去会发生什么神奇的变化呢？

实验材料

锥形瓶 1 个、蜡烛 1 根、打火机 1 个、清水 200 毫升。

怎么做？

1. 将锥形瓶放在蜡烛正前方。

2. 点燃蜡烛。

3. 将清水倒入锥形瓶中直至火焰的二分之一处。

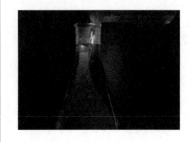

你发现了什么？

我发现：

锥形瓶后面的蜡烛变大了，火焰看起来好似变弯了。

还能做什么？

把锥形瓶换成陶瓷杯，又会发生什么呢？

科学原理

倒入水后，蜡烛的位置发生了偏移，因为倒入水后，光从空气进入水中后的传播方向发生了偏折。

实验视频

你的实验记录

步骤 3 有何现象？

思考链接

去掉保鲜膜，直接往盘子里加水，会发生什么呢？

硬币变大了

难度系数：★
建议时长：10 分钟

小朋友们都见过硬币，硬币加水会发生怎样神奇的变化呢？

实验材料

盘子 1 个、硬币 4 枚、水 1 杯、保鲜膜 1 卷。

怎么做？

1. 取一个干净的盘子，将硬币放入盘中。

2. 用保鲜膜封口。

3. 稍用力压保鲜膜中间，让保鲜膜中间凹陷，在中间倒些水。

你发现了什么？

我发现：

硬币看上去变大了。

还能做什么？

把清水换成透明饮料，又会发生什么呢？

科学原理

保鲜膜和水形成了透镜，让硬币看上去变大了。

光的折射

难度系数：★★
建议时长：10分钟

实验视频

你的实验记录

步骤1有何现象？

步骤2有何现象？

步骤3有何现象？

思考链接

光的折射在生活中有哪些应用？

小朋友们在用玻璃杯喝水的时候有没有发现，透过水杯看到的事物和其本身存在一定差距，这是为什么？

实验材料

玻璃杯1个、字母卡片2张、清水1杯。

怎么做？

1. 将一张字母卡片放在玻璃杯后面，往玻璃杯里注水超过杯后的卡片。

2. 将字母卡片换成另一张，重复上述操作。

3. 观察现象。

你发现了什么？

我发现：

卡片上的字母在注水前后发生了镜像翻转。

还能做什么？

要是把字母卡片贴在玻璃杯的内壁上，注水后还会出现这种现象吗？

科学原理

光从一种透明介质斜射入另一种透明介质，会发生折射。

实验视频

你的实验记录

步骤 2 有何现象?

步骤 3 有何现象?

思考链接

　　磁化现象给我们的生活带来了哪些影响?

自制指南针

难度系数: ★★★
建议时长: 10 分钟

　　中国作为四大文明古国之一,早在汉代甚至战国时代,华夏劳动人民就发明并开始使用一种叫做"司南"的指南器用于辨别方位了。如何可制作一个简易的指南针呢?

实验材料

磁铁 1 块、小纸片 1 张、针 1 根、一盘水。

怎么做?

　　1. 将磁铁在针上面沿着同一个方向打磨 15 ~ 20 次。

　　2. 将纸片轻轻放置在水面上。

　　3. 将打磨后的针轻轻放置在纸片上。

你发现了什么?

我发现:

　　我们可以发现待纸片停止后,针的方向指向南北方。

还能做什么?

　　实验中可以不需要小纸片吗?

科学原理

　　用磁铁打磨针后,针具有了一定的磁性,人们将这一过程称为"磁化"。针是一种金属,金属中含有可以自由移动的负性微粒。当用磁铁在针上摩擦,所有可以移动的微粒都调整到一个方向,这样针就出现了一个南磁极和一个北磁极。因此,出现了同极相斥、异极相吸的现象。

水流改道

难度系数：★★★
建议时长：10分钟

实验视频

你的实验记录

步骤2有何现象？

步骤3有何现象？

步骤4有何现象？

思考链接

还有什么方法可改变竖直向下流的水流方向？

瀑布"飞流直下三千尺"，当水流方向竖直向下时，要想水流改道，你有什么妙招吗？

实验材料

气球1个、铁丝1根、带有瓶盖的塑料瓶1个、烧杯1个。

怎么做？

1. 用铁丝在塑料瓶盖上戳一个小洞。

2. 将塑料瓶倒置，观察水流方向。

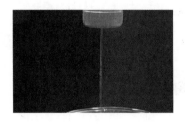

3. 用头发摩擦气球。

4. 让气球靠近水流，观察现象。

你发现了什么？

我发现：

水流由原来的竖直状态变成弯曲的形态。

还能做什么？

把气球换成塑料棒，又会发生什么呢？

科学原理

气球在摩擦头发的过程中自身带上了静电，带电物体具有吸引不带电物体的性质，因此水流由竖直状态变成弯曲的形态。

旋转的天平

难度系数：★★★★
建议时长：10分钟

小朋友们看见过天平吗？看见过会旋转的天平吗？

实验材料

铝制易拉罐1个、吸管1根、剪刀1把、一次性筷子1根、橡皮泥1块。

怎么做？

1. 用剪刀把易拉罐头部和底部分别剪掉，剩下一个薄铝皮的圆筒。把圆筒压平，用剪刀沿窄的方向剪下两个2厘米宽的横条。

2. 将横条打开，使之恢复成圆环状，分别粘在吸管两端。

3. 将一次性筷子插在橡皮泥上，用橡皮泥固定筷子使之垂直于桌面。

4. 用筷子对准吸管上的小洞把吸管放上去。

5. 用强力磁铁靠近天平其中的一个圆环，然后拿开。

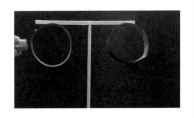

你发现了什么？

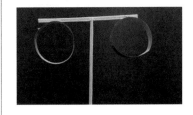

我发现：

磁铁拿开后，天平左右摇摆了。

还能做什么？

如果两边铝环都靠近磁铁再拿开，还会旋转吗？

 科学原理

当磁铁靠近铝环时，通过铝环内部的磁通量发生变化，根据电磁感应定律，铝环中产生了感生电流。而感生电流产生的磁场始终阻碍引起它的磁通量的变化（楞次定律），所以当磁铁靠近铝环时，铝环内磁通量增加，感生电流产生的磁场阻碍这一变化趋势，因此它与磁铁磁场方向相反，相互排斥。

实验视频

你的实验记录

步骤2有何现象？

步骤3有何现象？

思考链接

使天平旋转的方法还有哪些？

会拐弯的光

难度系数：★★★★★
建议时长：10分钟

光是沿直线传播的，你们见过会拐弯的光吗？

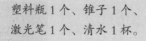
实验材料

塑料瓶1个、锥子1个、激光笔1个、清水1杯。

怎么做？

1. 在塑料瓶的瓶身钻一个孔。

2. 瓶中装满水，让水从小孔中流出来。

3. 激光笔穿过瓶身，照射水流，观察现象。

你发现了什么？

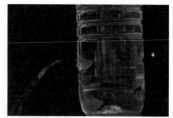

我发现：

光线不是直线传播，而是随着流水拐弯。

还能做什么？

把水换成油，又会发生什么呢？

你的实验记录

步骤2有何现象？

步骤3有何现象？

思考链接

丁达尔效应的原理是什么？

科学原理

这是光的全反射效应，光从水中射向空气中时，如果入射角度大于某一角度，折射光线就会消失，全部光线都将反射回水中。

实验视频

小船相聚

难度系数：★★★★★
建议时长：10分钟

瓶盖可以漂浮在水面上，磁铁能相互吸引，当两者相遇会发生什么神奇的事呢？

实验材料

盘子1个、水1杯、瓶盖4个、磁铁4个。

怎么做？

1. 将适量水倒入盘中。

2. 将四个磁铁分别放入四个瓶盖。

3. 将4个放了磁铁的瓶盖分别缓慢放入盘中的水面上。

 你发现了什么？

我发现：

瓶盖聚集在了一起。

 还能做什么？

如果最后在盘子底部放置一块磁铁瓶盖，会怎么样呢？

 你的实验记录

步骤3有何现象？

思考链接

海面上航行的帆船靠什么辨别方向呢？

科学原理

磁铁同极相斥，异极相吸。瓶盖在水面上的摩擦力小，易改变方向。装载了磁铁的瓶盖受磁力牵引就会相互靠近。

电解饱和食盐水制取氢气和氯气

难度系数：★★★★★
建议时长：10分钟

你的实验记录

步骤3有何现象？

思考链接

产生的气泡是什么气体？

电池有正负两极，如果我们用锡箔纸将电池的正负两极接入饱和食盐水中，会发生什么现象呢？

实验材料

清水1杯、食盐1包、电池1个、杯子1个、锡箔纸1片。

怎么做？

1. 取一个杯子，向杯中加入食盐和清水制作成饱和食盐水。

2. 将锡箔纸剪成细条。

3. 将两张锡箔纸细条的一端分别连接在电池的正、负两级，将另一端接入饱和食盐水中观察现象。

你发现了什么？

我发现：

锡箔纸上出现了大量气泡。

还能做什么？

制取的氢气和氯气的体积相等吗？

科学原理　通电后，盐水中的氯化钠与水发生电离，分别在锡箔纸阳、阴两极产生氢气和氯气。

实验视频

气球的静电力量

难度系数：★★★★★
建议时长：10分钟

如果用气球反复摩擦自己的头发，我们会变成爆炸头。为什么会有这样的现象呢？

实验材料

气球1个、5角硬币1枚、1元硬币1枚、透明塑料杯子1个、质量轻的小木棍1根。

怎么做？

1. 把一元的硬币平放在桌子上，然后把五角的硬币垂直放在它上面。

2. 把小木棍水平放置在五角的硬币上。

3. 用透明的塑料杯子盖住硬币和小木棍。

4. 吹一个气球，在自己头发上反复摩擦。

5. 把气球靠近塑料杯子，绕着杯子转动。

你发现了什么？

我发现：

塑料杯中的小木棍跟着气球转动起来了。

还能做什么？

把小木棍放在桌上，又会发生什么呢？

你的实验记录

步骤1有何现象？

步骤2有何现象？

步骤3有何现象？

思考链接

在头发上摩擦后的气球靠近小纸屑会发生什么？

科学原理

这个实验利用的是静电原理。当气球在头发上摩擦时，气球增加了额外的负电荷。此时，杯子里面的小木棍带着中性电荷，并在物理运动状态上处于微妙的平衡。当带有中性电荷的物体足够轻时，带负电荷的物体就会吸引它。

小实验大探秘

分子热舞

难度系数：★
建议时长：10分钟

"酒香不怕巷子深"意思是只要酒足够醇厚，在很远的地方也能闻到香味。这其实是分子在空气中的扩散现象。分子在空气中能扩散，在水中能否扩散呢？

实验材料

热水1杯、冷水1杯、杯子2个、色素1瓶。

怎么做？

1. 向两个杯子中分别加入等量的热水和冷水。

2. 向两个杯子中分别滴加一滴色素。

3. 静置，观察现象。

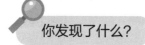

你发现了什么？

我发现：

色素在热水中比在冷水中扩散得快。

还能做什么？

分子在固体中存在扩散现象吗？

你的实验记录

步骤2有何现象？

步骤3有何现象？

思考链接

分子为什么在热水中扩散得快？

科学原理

一切物质的分子都在做无规则的运动，并且随温度的变化而变化，温度越高，分子间的变化越激烈，因此色素在热水中剧烈扩散。

绳子瞬间换位

难度系数：★
建议时长：5分钟

在观看魔术表演时，魔术师可以在一瞬间使两根绳子的位置发生互换。这到底是怎样实现的呢？就让我们来动手试一试吧！

实验材料

红绳1根、白绳1根（颜色不同的两根绳演示效果更佳）。

 怎么做？

1. 分别将红绳和白绳打结。

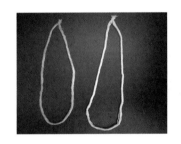

2. 将白绳套穿过红绳套后，套在手指上。

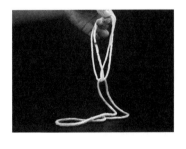

3. 手指捏住白绳上某一点向下拉，观察现象。

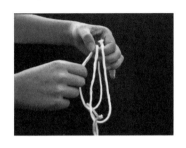

 **你发现了什么？**

我发现：

白绳和红绳的位置上下颠倒了，由白绳在上变为红绳在上。

 **还能做什么？**

生活中还有哪些事物涉及这种现象？

你的实验记录

步骤2有何现象？

步骤3有何现象？

思考链接

不断交换绳子的位置形成的往复运动属于机械传动吗？

 科学原理

白绳被拉动时会与红绳相互牵引，所以拉动白绳时，会使红绳发生转动，从而变为红绳在上，白绳在下。

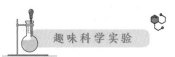

实验视频

你的实验记录

步骤2有何现象?

思考链接

你看出试验的秘密了吗?

神奇的自锁

难度系数：★
建议时长：10分钟

小朋友们打过扣节吗？是否见过扣节自锁呢？

实验材料

圆环1个、绳子1条。

怎么做？

1. 把圆环穿过绳子。

2. 丢下圆环，同时用中指阻挡一下圆环。

你发现了什么？

我发现：

圆环丢下后被绳子锁住。

还能做什么？

把绳子换成链子，又会发生什么呢？

科学原理

圆环在下落过程中，受到了中指关节的阻挡，圆环在下落过程中发生了旋转，刚好把铁链套在了环里。

向上爬的铁环

实验视频

你的实验记录

步骤3有何现象？

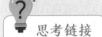

思考链接

哪些日常用品需要用到本实验的原理呢？

你见过自己向上"爬"的铁环吗？一起来探索其中的奥秘吧！

实验材料

橡皮筋1根、小铁环1个、剪刀1把。

 怎么做？

1. 用剪刀剪断橡皮筋。

2. 将小铁环套在橡皮筋上。

3. 用双手捏住橡皮筋两端，一只手不动，另一只手向上拉。

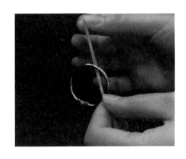

 你发现了什么？

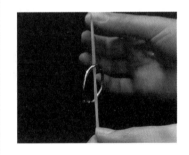

我发现：

小铁环像自己往上"爬"一样。

 还能做什么？

如果换成木环呢？

 科学原理

静摩擦力会让小铁环与橡皮筋之间的位置保持相对静止，随着橡皮筋被拉伸，小铁环也上升了。

紧急疏散

难度系数：★★
建议时长：20分钟

色素在水中会迅速扩散，它的扩散速度会随水的条件不同而发生变化吗？

实验材料

食盐20克、玻璃杯2个、色素1支、筷子1根、清水。

怎么做？

1. 往两个杯子中倒入等量的清水（约五分之四）。

2. 向其中一杯水中加入5克食盐，另一杯中加入15克食盐。

3. 用筷子将食盐与水搅拌均匀，形成不同浓度的盐水。

4. 往两个杯子中分别同时滴入两滴色素。

你发现了什么？

我发现：

浓盐水中的色素扩散速度更慢。

还能做什么？

扩散速度还与什么因素有关？

你的实验记录

步骤4有何现象？

思考链接

生活中的扩散现象，你能列举出哪些？

科学原理

扩散是分子的迁移现象，是分子间的相互碰撞。这种碰撞迫使密度大的区域的分子向密度小的区域转移，最后达到均匀的密度分布。因此，本实验中浓盐水中的色素扩散速度比淡盐水中的慢。

实验视频

奇妙的小星星

难度系数：★★
建议时长：20 分钟

夏日的夜晚，抬头仰望能看到许多的星星，但 美丽的星星遥不可及。一起来制作属于自己的奇妙小星星吧！

实验材料

牙签 5 根、100 mL 烧杯 1 个、盘子 1 个、胶头滴管 1 支、清水。

怎么做？

1. 取出 5 根牙签，从中间位置弯折牙签，弯成 V 形，注意不能折断！

2. 将折弯的牙签摆成下面的图形，放置于盘子中。

3. 用胶头滴管吸取清水，往牙签中间滴入，观察 现象。

你发现了什么？

我发现：

牙签慢慢散开，变成五角星的形状！

还能做什么？

你的实验记录

步骤 1 有何现象？

步骤 2 有何现象？

步骤 3 有何现象？

思考链接

生活中观察到的哪些现象与水的张力有关？

科学原理

这个实验主要利用了水的张力。牙签由木质纤维构成，沾水后断裂处会吸水，由于水的表面张力，弯折的牙签会有重新伸直的倾向，故而拼合成五角星形状。

实验视频

你的实验记录

步骤1有何现象?

步骤2有何现象?

步骤3有何现象?

思考链接

为什么气球不会爆裂?

气球煮水

难度系数：★★★
建议时长：10分钟

通常情况下，气球遇热后瞬间就会爆炸，在气球里装水后，用蜡烛烘烤，气球还会爆炸吗？

实验材料

气球1个、打火机1个、蜡烛1根、打气筒1个、漏斗1个、1杯水。

怎么做？

1. 将气球套在漏斗下方，向漏斗中倒入适量的水。

2. 给气球打气后拴紧。

3. 用打火机将蜡烛点燃。

4. 蜡烛火焰对着气球底部烘烤。

你发现了什么？

我发现：

我发现气球没有爆裂。

还能做什么？

如果气球里装满水，又会发生什么？

科学原理

当火焰通过气球壁"烧水"时，水会通过对流进行热传递，温度高的水上升，温度低的水下降。火焰加热处的气球壁不断受到循环冷却，因此温度不会迅速上升，气球壁结构不会被破坏。

燃烧的铁丝

难度系数：★★★
建议时长：15分钟

实验视频

你的实验记录

步骤 3 有何现象？

思考链接

金属铜在空气中燃烧的原理与本实验原理是否相同？

小朋友们见过锈迹斑斑的铁窗、铁栏杆吗？铁锈的形成，是因为铁在空气中氧化了。什么是氧化反应呢？

实验材料

钢丝清洁球1个、剪刀1把、镊子1把、蜡烛1根、直尺1把、火柴1盒或打火机1个。

怎么做？

1. 用剪刀从钢丝球上剪下一段5厘米的钢丝[①]。

2. 将蜡烛点燃并固定在桌子上。

3. 用镊子夹着钢丝的一端，将另一端在火焰上点燃。

你发现了什么？

我发现：

铁丝变红并燃烧。

还能做什么？

把铁丝换成铜丝，又会发生什么？

科学原理

像铁生锈一样，铁丝在火焰中燃烧也是一种氧化反应。不同的是铁生锈是铁在空气作用下的缓慢氧化反应，而铁丝燃烧是高速氧化反应。在燃烧的蜡烛下，铁丝与空气中的氧气快速发生氧化反应。当温度超过了铁丝的熔点，我们便看见铁丝燃烧了。

---

① 5厘米的钢丝不可拉直。

水中花

实验视频

你的实验记录

步骤4有何现象?

思考链接

为什么纸花在水中会张开花瓣呢?

难度系数: ★★★
建议时长: 10分钟

纸折的花, 放入水中会发生什么变化呢? 一起来看看!

实验材料

彩纸1张、剪刀1把、铅笔1根、1盆水。

怎么做?

1. 在彩纸上画一朵花。

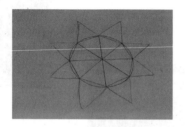

2. 用剪刀将纸花剪下。

3. 把花瓣向中间位置折。

4. 将纸花放入水中。

你发现了什么?

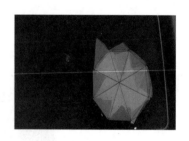

我发现:

　　我发现纸花的花瓣张开了。

还能做什么?

　　如果将彩纸换成卫生纸, 又会发生什么?

科学原理

　　纸张的主要成分是植物纤维, 当水渗入纸张中的纤维时, 纤维便会膨胀, 使花瓣的折位打开, 便出现了水中开花现象。

水的对流

难度系数：★★★★
建议时长：10 分钟

实验视频

你的实验记录

步骤 2 有何现象？

步骤 3 有何现象？

思考链接

你知道太阳能热水器运用了水的对流吗？

你见过水的对流吗？如果把热水加入冷水中会发生什么呢？让我们动手做做吧！

实验材料

玻璃杯 2 个、塑料片 1 张、黄色色素 1 瓶、红色色素 1 瓶、盘子 1 个、冷水 1 杯、热水 1 杯。

 怎么做？

1. 向两个玻璃杯中分别倒满热水和冷水。

2. 向热水杯中滴加黄色色素两滴，向冷水杯中滴加红色色素两滴。

3. 用塑料片盖住黄色热水杯口，并快速倒置，放于红色冷水杯口上，抽出塑料片。

 **你发现了什么？**

我发现：

水没有混合，而是出现分层现象。

 **还能做什么？**

把冷水放在上面，热水放在下面，又会有什么现象？

 科学原理

冷水密度大，热水密度小，在流体中密度大的往下跑，密度小的往上走。把黄色热水放在红色冷水上面，因为热水的密度小，会留在上面不会往下跑，所以它们就不会混合，从而形成了奇妙的分层现象。

完好无损的纸

难度系数：★★★★
建议时长：10 分钟

你的实验记录

步骤 1 有何现象？

步骤 2 有何现象？

步骤 3 有何现象？

步骤 4 有何现象？

步骤 5 有何现象？

思考链接

用牙签粗细大小的木棒代替纸片，木棒还会安然无恙吗？

纸遇上火会发生什么？会燃烧？会有遇火却完好无损的纸吗？

实验材料

100 毫升小烧杯 2 个、打火机 1 个、浓度为 95% 的酒精 1 瓶、白色卡纸 1 张、镊子 2 个、清水。

 怎么做？

1. 朝一小烧杯倒入 30 毫升清水，并贴上标签 1。

2. 朝另一小烧杯倒入 70 毫升酒精，并贴上标签 2。

3. 将 1 号烧杯中的水倒入 2 号烧杯中的酒精中形成 100 毫升混合液。

4. 用镊子夹住一小片白色卡纸，将其完全浸入混合溶液中。

5. 用镊子将纸片取出，然后用打火机点燃纸片，观察实验现象。

 你发现了什么？

我发现：

有火焰产生，但燃烧后纸片完好无损。

 还能做什么？

把水和酒精的比例颠倒过来浸泡再点燃，又会发生什么？

 科学原理

纸片浸泡过后，表面会有酒精（可燃）和水（不可燃）。酒精燃烧的燃点约 40 摄氏度，会先燃烧，燃烧过程中放出的热量和水蒸发吸收的热量相抵消，所以水的温度始终保持在 100 摄氏度或者以下，达不到纸燃烧的燃点（约 200 摄氏度以上），因此纸可以完好无损。

奇妙的锁链

难度系数：★★★★
建议时长：15分钟

实验视频

小朋友们，在生活中我们经常能接触到剪纸这一活动，请想一想，我们有什么办法可以剪出两个彼此相扣且完整的纸环呢？

实验材料

长纸带1条（长30厘米、宽2厘米）、双面胶1卷、剪刀1把。

怎么做？

1. 剪下长度1厘米的双面胶并将其粘贴在纸带任意一端。

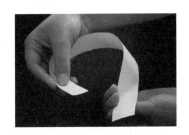

2. 将纸带的两端粘贴，形成8字形圆环。

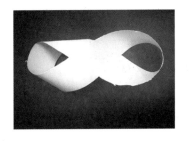

3. 首先将纸带一部分对齐按压，然后在对齐处剪出一条小缝，最后再将剪刀深入小缝中，沿着纸带慢慢地将其一分为二。

你发现了什么？

我发现：

纸带一分为二，变成了两个彼此相扣且完整的纸环。

还能做什么？

你还有其他方法可以将纸带变成两个相扣且完整的圆环吗？

你的实验记录

步骤2有何现象？

步骤3有何现象？

思考链接

8字形圆环与莫比乌斯环有什么关系？

科学原理

8字形圆环是一种奇特的立体结构，没有正反面。当从起点开剪，沿着纸带再慢慢剪回起点时，就可以将这个圆环纸带一分为二，使其变成两环相扣的锁链。

彩色白菜

难度系数：★★★★★
建议时长：15 分钟

实验视频

你的实验记录

步骤 4 有何现象？

思考链接

新鲜白菜和采摘几天后的白菜，谁的"喝水能力"更强？

俗话说，水是生命之源。为了生存，人需要喝水，动物也需要喝水，植物需要喝水吗？不妨做个小实验一探究竟！

实验材料

新鲜白菜 1 棵、玻璃杯 1 个、红绿蓝色素各 1 瓶。

怎么做？

1. 从新鲜白菜上剥下 3 片白菜叶。

2. 分别向 3 个杯子中倒入半杯水。

3. 分别往杯中滴入 2 滴不同颜色的色素。

4. 将白菜叶分别放入杯中，静置半天。

你发现了什么？

我发现：

白菜叶上出现了对应色素的颜色斑点。

还能做什么？

不同植物的"喝水量"有差异吗？

科学原理

植物根茎叶中含有微小的导管。在蒸腾作用的拉力下，植物通过这些导管将土壤中的水分运输到根茎叶中。由于色素溶于水，色素和水分一起被运输到白菜叶中，使得白菜出现对应的颜色。

实验视频

你的实验记录

步骤 3 有何现象？

思考链接

是不是越光滑的书本越容易拉开？

拉不开的书

难度系数：★
建议时长：5 分钟

摩擦力在我们生活中无处不在。小朋友们觉得两本书之间的摩擦力有多大呢？如果将两本书的书页彼此相叠，我们能轻松拉开吗？

实验材料

两本书（书的厚度、大小相同最佳）。

 怎么做？

1. 整理书页，保证其内部每页都平整。

2. 把两本书的内部一页一页交叉重叠。

3. 两个人从书的左右两端分别用力拉书。

 你发现了什么？

我发现：

即使用很大的力气，两本书也没有被拉开。

 还能做什么？

把书本换成作业本，又会发生什么？

科学原理　　物体接触并有相对运动的趋势就会产生摩擦力，当拉力大于产生的摩擦力时，就能分开两个物体。两张纸叠在一起也有摩擦力，随着纸张数目的增加，两本书之间的摩擦力变大，并超过我们的拉力，所以我们不能轻易分开这两本书。

实验视频

你的实验记录

步骤 1 有何现象?

步骤 2 有何现象?

思考链接

人们运用这个原理发明了什么?

硬币自画像

小朋友们去印刷过资料吗? 知道印刷机的原理是什么吗? 能否用身边简单的材料还原印刷机的工作原理?

实验材料

A4 纸 1 张、硬币 1 枚、铅笔 1 支。

怎么做?

1. 隔着纸描硬币的正面。

2. 隔着纸用铅笔描硬币的反面。

难度系数: ★
建议时长: 5 分钟

3. 观察现象。

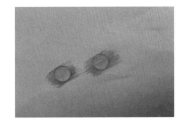

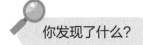
你发现了什么?

我发现:

硬币的花纹印在了纸上。

还能做什么?

生活中什么事物运用了这种原理?

科学原理

硬币凹陷部分会使上面的纸与铅笔接触力量减弱,颜色浅淡,反之,凸起的地方则清晰明显。凸版印刷就是这个原理。

实验视频

你的实验记录

步骤 2 有何现象？

思考链接

根据这个实验原理，能够设计出其他简单有趣的实验吗？

硬币瞬移

难度系数：★
建议时长：5 分钟

我们常常用硬币来猜正反，当两枚硬币叠在一起下落时会有什么现象？

实验材料

五角硬币1枚、一元硬币1枚。

怎么做？

1. 将五角硬币放在一元硬币的上面。

2. 让两枚硬币稍微倾斜，使其从高处落到手上①。

你发现了什么？

我发现：

掉落后，两枚硬币的位置互换了。

还能做什么？

把两枚不同的硬币换成两枚相同的硬币，又会发生什么？

科学原理

将五角和一元的硬币叠加在一起时，如果让硬币稍微倾斜落下，硬币之间的重力平衡会被打破，五角硬币就会带着一元硬币一起翻转起来，导致硬币位置互换。

① 硬币下落的高度不易太矮和太高（高度为30～50厘米最佳）。

紧挨着的硬币和纸币

难度系数：★
建议时长：10 分钟

实验视频

你从半空落下，我也从半空落下，看看谁先落地，谁就是赢家！可是一个硬币和一个纸币紧挨着从半空落下，他们竟会手拉手一起落地，到底是为什么？

3. 让硬币从半空中自由落下。

实验材料

剪刀 1 个、A4 纸 1 张、硬币 1 枚。

4. 将纸片放在硬币上方，让它们同时从半空中自由落下。

你的实验记录

步骤 2 有何现象？

步骤 3 有何现象？

步骤 4 有何现象？

怎么做？

1. 用剪刀在 A4 纸上剪出一个和硬币一样大小的纸片。

你发现了什么？

我发现：

硬币和纸币同时落地。

思考链接

试着一只手拿硬币、一只手拿纸币，它们同时从同一高度落下时会发生什么样的现象？

2. 让纸片从半空中自由落下。

还能做什么？

将纸片换成橡皮泥泥片，又会发生什么？

科学原理

　　由于纸片自身重量较小，受到空气阻力的影响比较大，所以从相同高度落下时，纸片飘落且用时较长。当纸片被放在硬币上一起落下时，硬币快速掉落将下方空气快速挤向两侧，硬币上下形成气压差，上方的大气压将纸片压在了硬币上，所以一起落地。

实验视频

变魔术的手指

难度系数：★
建议时长：10分钟

魔术师的表演总是出神入化，令人惊叹。今天我们不妨来做一个小小的魔术师吧！

实验材料

直尺1把、硬币1枚、杯子1个。

怎么做？

1. 将直尺放在杯口上，把硬币放在直尺上，使得硬币位于杯口正上方。

2. 用手指用力弹直尺。

你发现了什么？

我发现：

硬币掉进了杯子中。

还能做什么？

把硬币换成小纸片，又会发生什么？

你的实验记录

步骤1有何现象？

步骤2有何现象？

思考链接

轻轻弹走直尺，硬币还会掉进杯子里吗？

科学原理

根据牛顿第一运动定律，物体均具有惯性，硬币也不例外。当我们把直尺快速弹走的时候，硬币由于惯性保持静止状态，但缺少了直尺对其向上的支持力，所以它在重力的作用下掉进了杯子中。

辨别生熟鸡蛋

难度系数：★★
建议时长：10分钟

你的实验记录

步骤1有何现象？

步骤2有何现象？

步骤3有何现象？

步骤4有何现象？

思考链接

惯性在生活中有哪些应用？

相信大家都吃过煮鸡蛋，如果给你一枚生鸡蛋和一枚熟鸡蛋，你能不剥开鸡蛋就分辨出它们吗？

实验材料

生鸡蛋1枚、熟鸡蛋1枚、茶盘①。

 怎么做？

1. 快速旋转一枚鸡蛋。

2. 用手指按停旋转中的鸡蛋，然后松开手指。

3. 快速旋转另一枚鸡蛋。

4. 用手指按停旋转中的鸡蛋，然后松开手指。

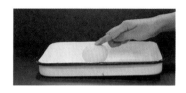

 你发现了什么？

我发现：

当我们把旋转中的鸡蛋按停再松开，熟鸡蛋就不再旋转，而生鸡蛋会继续旋转一段时间。

还能做什么？

还有别的办法能辨别生熟鸡蛋吗？

 科学原理

生鸡蛋内部呈液态，当旋转中的鸡蛋被手指按停再松开后，由于惯性的作用，内部的蛋清蛋黄会继续维持旋转状态，带动蛋壳继续旋转。而熟鸡蛋的内部已是固态，当蛋壳被手指按停后其内部也会停止，鸡蛋不会继续旋转。

① 可不用，此处使用是为了更好的拍摄效果。

实验视频

你的实验记录

步骤 1 有何现象？

步骤 2 有何现象？

思考链接

还可以在哪些物体上金鸡独立？

硬币金鸡独立

难度系数：★★
建议时长：10分钟

小朋友们都玩过金鸡独立，却不知道硬币也会玩金鸡独立吧！一起来试试吧！

实验材料

百元纸币 1 张、硬币 1 枚。

 怎么做？

1. 将百元纸币对折，角度保持在接近直角的位置放上一枚硬币。

2. 小心捏住百元纸币两端，慢慢地往两边拉开呈一条直线。

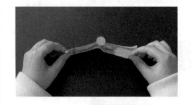

 你发现了什么？

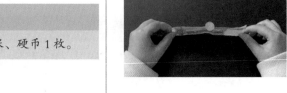

我发现：

硬币不会掉落。

还能做什么？

把硬币换成纸片，又会发生什么？

 科学原理

纸币渐渐被拉开的过程中，会和硬币产生摩擦，硬币的重心随之移动，以保持平衡。当纸币被拉成直线时，硬币的重心也刚好落在这条直线上，故不会掉落。

实验视频

你的实验记录

步骤 2 有何现象？

步骤 3 有何现象？

步骤 4 有何现象？

思考链接

人在泳池中可以举起比自己重很多倍的物体吗？

仅用手指翘起较重的水

难度系数：★★
建议时长：10 分钟

左跷跷，右跷跷，仅用手指就能玩跷跷板游戏吗？想一想，仅用手指能翘起对面较重的水吗？

实验材料

5 号电池 1 个、20 厘米塑料直尺 1 个、空塑料杯 2 个、清水、可乐 1 瓶、白糖 2 勺。

 怎么做？

1. 往两个杯子里面倒清水，一杯的水接近三分之二，另一杯的水少于三分之二。

2. 将直尺中央放在电池上，搭一个跷跷板。

3. 将装有三分之二水的杯子放在一端，较少水的杯子放在翘起的一端。

4. 将两根手指放入较少水的杯子里。（不触碰杯底）

 你发现了什么？

我发现：

越向下伸入手指，就能将对面较重的水杯翘起来越高。

 还能做什么？

将手指换成铅笔，又会发生什么？

科学原理

将两杯重量不等的水放在杠杆两端，把手指伸进重量较轻的水杯且不触碰杯底的情况下，手指伸入水中排开水的体积就越大，手指所受的浮力也越大，同时受到浮力的反作用力也越大，再通过杠杆作用就能翘起对面重量较重的水杯。

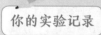

你的实验记录

步骤 1 有何现象?

步骤 2 有何现象?

思考链接

将硬币换成其他物品,还会看到一样的实验现象吗?

硬币撞击

难度系数:★★★
建议时长:5 分钟

你有用一枚或多枚硬币去撞击过多枚硬币吗?被撞击的硬币会发生什么呢?

实验材料

直尺 2 把、硬币 4 个。

 怎么做?

1. 将硬币置于平行摆放的直尺之间,用手指弹出一枚硬币去撞击其他硬币。

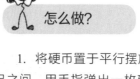

2. 用手指弹出两枚硬币去撞击其他硬币。

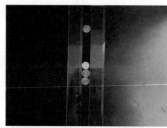 你发现了什么?

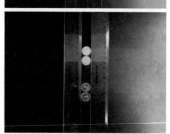

我发现:

用一枚硬币去撞击时,被撞击的硬币中只有一枚会被弹出去;而用两枚硬币去撞击时,被撞击的硬币中会有两枚硬币被弹出去。

 还能做什么?

你能用更多的硬币试试吗?

 科学原理

动量守恒定律:动量=物体质量×速度。当两个物体相撞时,碰撞前后,动量保持不变,这就是动量守恒定律。当一枚硬币撞击数枚硬币时,动量会一枚一枚地传递下去,但最后一枚硬币无法再传递此动量,因此会被弹出。(用两枚硬币撞击时同理)

实验视频

你的实验记录

步骤 2 有何现象？

步骤 3 有何现象？

思考链接

生活中还有哪些力量传递的现象呢？

调皮的牙签

难度系数：★★★
建议时长：10 分钟

小朋友们在生活中有没有玩过多米诺骨牌？轻轻碰倒第一枚骨牌，其余的骨牌会产生连锁反应，依次倒下。今天我们就来看看调皮的牙签也会有这样的连锁反应吗？

实验材料

牙签若干根。

怎么做？

1. 准备好若干根牙签。

2. 将牙签按照图中方式依次摆放。

3. 用手指轻轻下压最后一根牙签，同时观察第一根牙签的变化。

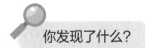
你发现了什么？

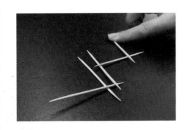

我发现：

靠近一点看，按住最后一根牙签时，第一根牙签翘了起来，两个相隔很远的牙签发生了联动。

还能做什么？

你能够尝试搭建更多的牙签，同时保证联动的发生吗？

科学原理

第一，力量是可以通过媒介进行传递的，而且可以改变原来力的方向。

第二，通过不同的交叉点，可以产生跟跷跷板一样的杠杆变化，能够撬动更重的物体。

不一样的火焰方向

难度系数：★★★
建议时长：15分钟

你的实验记录

步骤2有何现象？

步骤4有何现象？

思考链接

生活中还有哪些现象可以用惯性来解释？

拿着点燃的蜡烛快速移动时火焰的方向是怎样的？如果把点燃的蜡烛放在烧杯里再移动，结果会一样吗？快来一起做做对比实验吧！

实验材料

烧杯1个、镊子1个、蜡烛1个、打火机1个。

怎么做？

1. 用打火机点燃蜡烛。

2. 手拿蜡烛快速向前移动，观察火焰方向。

3. 用镊子将点燃的蜡烛放入烧杯中。

4. 手拿烧杯快速向前移动，观察火焰方向。

你发现了什么？

我发现：

两种移动方法的火焰方向相反。

还能做什么？

把烧杯换成试管，又会发生什么？

科学原理

没有烧杯遮挡时，蜡烛火焰由于受到空气阻挡，火焰向后偏转。把点燃蜡烛放入烧杯后再移动，由于惯性，烧杯中保持静止的气体撞击在内壁上，从而产生一股向前的气流。在这股气流的作用下，蜡烛的火焰方向就与前进方向保持一致。

神奇的乒乓球

难度系数：★★★★
建议时长：20分钟

实验视频

你的实验记录

步骤2有何现象？

步骤3有何现象？

思考链接

将乒乓球换成铁球，现象是否相同？为什么？

我们知道乒乓球很轻，把它扔到水中它会上浮，怎样能使乒乓球在水中不上浮呢？请小朋友们准备好工具，一起来探索神奇乒乓球的秘密吧！

实验材料

托盘1个、剪刀1把、小刀1把、乒乓球1个、清水400毫升、矿泉水瓶1个。

怎么做？

1. 用小刀将矿泉水瓶的头部切开小口，再用剪刀剪下。

2. 将乒乓球放入剪下来并带有盖子的瓶中，加水至其三分之二处，观察现象。

3. 将瓶盖拧掉，再将乒乓球放入瓶中并加水，随后向瓶中加入水，观察现象。

你发现了什么？

我发现：

有瓶盖时乒乓球浮起，无瓶盖时乒乓球沉入水底。

还能做什么？

把乒乓球换成铁球，又会发生什么？

科学原理

当瓶口带盖时，乒乓球的下表面受到水向上的浮力，这时所受水的浮力大于自身重力，乒乓球就浮起来了。当瓶盖被拧掉时，乒乓球受到水的压力和大气的压力，上方水的压力大于下方空气的压力，所以乒乓球沉在水底。

火焰坐上了跷跷板

难度系数：★★★★
建议时长：10分钟

你的实验记录

步骤3有何现象？

思考链接

还有哪些物体重量可发生改变，从而使跷跷板摇摆呢？

小朋友们玩过跷跷板吗？蜡烛可以玩跷跷板吗？

实验材料

吸管1根、杯子2个、缝衣针1枚、蜡烛2根、打火机1个。

 怎么做？

1. 将缝衣针穿过吸管中央位置，缝衣针的两端分别插上蜡烛。

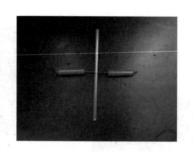

2. 把吸管放在杯子上，使蜡烛保持平行不动，跷跷板就做成了。

3. 点燃蜡烛，观察现象。

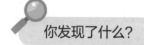 **你发现了什么？**

我发现：

原来静止的跷跷板，在蜡烛点燃后开始上下摇摆。

 **还能做什么？**

在跷跷板一端多加一根蜡烛，又会发生什么？

科学原理

开始时，跷跷板的中心正好在它的轴（吸管）上，两根蜡烛可以保持平衡状态，但当有一端蜡烛的蜡液落下，该蜡烛变轻，重心也随之从一端转向另一端，跷跷板就自动摇摆了。

气球火箭

难度系数：★★★★★
建议时长：25 分钟

小朋友们是否有过这样的经历：穿着溜冰鞋并双手用力推墙壁时，你仿佛也被墙壁用力往后"推"开了。这究竟是为什么？

实验材料

双面胶 1 个、棉线 1 根、吸管 1 根、气球 1 个、打气筒 1 个、铁架台 2 座。

怎么做？

1. 先将棉线穿进吸管里，再将棉线两端分别绑在两座铁架台的竖直杆上。

2. 使用打气筒给气球加气，待气球膨胀后捏住气球口。

3. 在吸管上贴上双面胶，把气球粘牢在吸管上，再松开气球出气口。

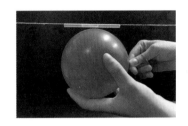

你发现了什么？

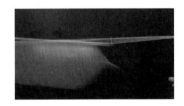

我发现：

松开气球出气口后，伴随一声哨叫声，气球沿着棉线飞速向前冲。

还能做什么？

还能设计怎样的反作用力实验？

你的实验记录

步骤 3 有何现象？

思考链接

生活中还有哪些反作用力的现象呢？

科学原理

气球向后喷气时，气球给空气施加了一个很大的作用力，相应地，空气也会给气球施加一个反作用力，在该反作用力的推动下，气球飞速向前飞行。

我能制气体

会跳舞的葡萄干

难度系数：★
建议时长：5 分钟

实验视频

你的实验记录

步骤 2 有何现象？

思考链接

换成其他液体还能做出相似的实验吗？

小朋友们都吃过葡萄干吧！你相信小小的葡萄干也会跳舞吗？一起来试试！

实验材料

100 毫升烧杯 1 个、葡萄干 1 包、500 毫升锥形瓶 1 个、碳酸饮料 1 瓶（颜色最好是透明的）。

怎么做？

1. 准备 6 ~ 8 粒葡萄干并向烧杯中倒入适量的碳酸饮料。

2. 将葡萄干投入汽水中。

你发现了什么？

我发现：

葡萄干会上下浮动，看起来像在跳舞。

还能做什么？

把碳酸饮料换成清水，又会发生什么？

科学原理

碳酸饮料中含有二氧化碳，碳酸饮料中的二氧化碳释放出来后，会聚集在葡萄干的表面，这些小气泡就托着葡萄干浮上水面。随后小气泡破裂，葡萄干又开始下沉。这过程不断重复，葡萄干也就不停地在汽水中上下浮动。

无法燃烧的火柴

难度系数：★
建议时长：10分钟

你的实验记录

步骤1有何现象？

步骤2有何现象？

步骤3有何现象？

思考链接

我们喝完可乐打嗝出的气体可以让火柴熄灭吗？

小朋友们都用过火柴吗？火柴燃烧可以持续一段时间，有什么办法让其快速熄灭吗？

实验材料

玻璃杯1个、火柴1包、可乐1瓶。

怎么做？

1. 点燃一根火柴，观察它熄灭的速度。

2. 向玻璃杯中倒满可乐。

3. 将火柴点燃并移动到杯口上方，观察它熄灭的速度。

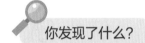
你发现了什么？

我发现：

燃烧的火柴在装有可乐的杯口上方熄灭得更快。

还能做什么？

把可乐换成苏打水，燃烧的火柴还可以快速熄灭吗？

科学原理　　火柴燃烧需要氧气，而可乐中含有大量二氧化碳，当火柴靠近杯口时，火柴周围只有二氧化碳，氧气不足，火柴就熄灭了。

食物相克

实验视频

你的实验记录

步骤3有何现象？

思考链接

我们喝完可乐就不能吃糖了吗？

小朋友们都喝过甜甜的可乐吧，喝完可乐后会有什么反应？如果可乐中加入白糖，会发生怎样神奇的变化？

实验材料

玻璃杯1个、盘子1个、可乐1瓶、白糖2勺。

 怎么做？

1. 取一个干净玻璃杯，放入盘中。

2. 向杯中倒入可乐至接近杯口。

3. 将准备好的白糖倒入装有可乐的杯中，观察现象。

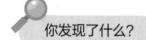 你发现了什么？

我发现：

可乐瞬间产生大量气泡，可乐溢出杯子。

 还能做什么？

把白糖换成白糖水，又会发生什么？

 科学原理

白糖表面粗糙，加大了与可乐中碳酸的接触面积，碳酸迅速分解，从而产生大量气泡。

实验视频

你的实验记录

步骤 1 有何现象?

步骤 2 有何现象?

步骤 3 有何现象?

思考链接

将泡腾片泡水喝后,那我们会不会像颜料一样上升呢?

火山喷发

难度系数:★★
建议时长:10 分钟

噗噗噗,噗噗噗,火山快要喷发了!气泡上升的景象好看极了!猜猜看,如何能制造火山喷发的景象呢?

实验材料

食用油 1 瓶、清水、玻璃杯 1 个、红颜料 1 瓶、泡腾片 1 片。

 怎么做?

1. 往玻璃杯中倒入二分之一的食用油。

2. 再往玻璃杯中倒入三分之一的清水并滴入 4 ~ 5 滴红颜料。(待颜料下降到清水层)

3. 向玻璃杯中放入一粒泡腾片,观察现象。

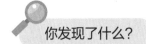 你发现了什么?

我发现:

红颜料一直往上冒。

 还能做什么?

将泡腾片换成糖,又会发生什么?

 科学原理　　泡腾片遇水后能迅速地产生大量的二氧化碳气泡,当二氧化碳气泡积聚到一定量后,二氧化碳气泡会携带着有颜色的水冲出油水层,到达油水层的顶端,最终逸出到空气中,进而制造出酷似火山喷发的壮观景象。

瓶子吹气球

实验视频

难度系数：★★★
建议时长：15 分钟

在生活中大家都是怎样吹起气球的？瓶子能"吹"气球吗？一起来试试！

实验材料

锥形瓶 1 个、气球 1 个、小苏打 20 克、白醋 60 毫升、火柴 1 盒、药匙 1 个。

怎么做？

1. 取 60 毫升白醋倒入锥形瓶。

2. 用药匙取 20 克小苏打装进气球。

3. 将气球口套在锥形瓶口，检查是否套牢。

4. 将气球底端提起，让气球里面的小苏打进入锥形瓶与白醋接触，观察现象。

5. 取下气球，将燃烧着的火柴伸入锥形瓶中，观察现象。

你发现了什么？

我发现：

步骤 4：锥形瓶中产生大量气泡，气球慢慢被"吹"起来。

步骤 5：带火星的木条熄灭。

还能做什么？

如果把柠檬汁换成白醋，又会发生什么？

你的实验记录

步骤 4 有何现象？

步骤 5 有何现象？

思考链接

你知道灭火器和白醋除水垢的原理吗？

科学原理

白醋与小苏打反应产生了气体，使气球被"吹"起来。白醋与小苏打产生的气体不支持燃烧，所以燃烧着的火柴熄灭。

实验视频

魔法水晶球

难度系数：★★★
建议时长：10 分钟

为了救出白雪公主，七个小矮人做出了魔法水晶球，与歹毒的皇后抗争，一起来看看是怎样做的吧！

实验材料

可乐 1 瓶、布条 1 根、洗洁精 1 瓶、玻璃杯 2 个、泡腾片 1 片、玻璃棒 1 根。

怎么做？

1. 取一个玻璃杯，倒入适量洗洁精，加入适量水，并用玻璃棒搅拌制作泡沫泡。

2. 取另一个玻璃杯，向里面加入三分之二杯可乐，用手蘸一点泡沫液，在装可乐的玻璃杯边缘涂一圈。

3. 用玻璃棒把布条取出，将浸泡过泡沫水的布条拉直，紧贴在装有可乐的玻璃杯边缘处，慢慢向另一侧平移。在泡泡膜封闭之前，把泡腾片加入可乐。

 你发现了什么？

我发现：

几秒钟后 2 号玻璃杯上的泡泡膜鼓起来了。

 还能做什么？

如果将洗洁精换成洗衣粉，这个实验能成功吗？

你的实验记录

步骤 1 有何现象？

步骤 2 有何现象？

步骤 3 有何现象？

思考链接

我们喝完可乐就不能吃泡腾片了吗？

科学原理

不同的液体有着不同的表面张力，水的表面张力比较大，因此难以形成稳定的大面积的水膜。肥皂、洗洁精等洗涤剂是表面活性剂，能降低水的表面张力，使之容易形成水膜。当杯子里的可乐和泡腾片反应时会产生气体，可使肥皂膜不断鼓胀。

隔空点蜡烛

难度系数：★★★★
建议时长：15分钟

实验视频

你的实验记录

步骤 1 有何现象？

步骤 2 有何现象？

步骤 3 有何现象？

思考链接

蜡烛燃烧需要放在怎样的条件下呢？

点燃蜡烛时，打火机或火柴的火焰都要接触到蜡烛的棉芯，才能使蜡烛燃烧。打火机的火焰不接触蜡烛棉芯，能点燃蜡烛吗？一起来试一试吧！

实验材料

蜡烛 1 支、打火机 1 个、火柴 1 根。

怎么做？

1. 将蜡烛放置于桌面，用打火机点燃蜡烛。

2. 当蜡烛顶端烧成杯状（有陷进去的凹槽），将点燃的蜡烛熄灭，观察现象。

3. 用点燃的火柴去接触刚刚熄灭的蜡烛冒出的白烟，观察现象。

你发现了什么？

我发现：

用点燃的火柴去接触刚刚熄灭的蜡烛冒出的白烟，蜡烛立刻复燃。

还能做什么？

复燃蜡烛还有什么办法？

科学原理

蜡烛燃烧时，石蜡受热由固态变成液态，再蒸发成石蜡蒸汽后才燃烧。冒出的白烟就是石蜡蒸汽，点燃白烟能重新引燃蜡烛，所以蜡烛熄灭后点燃白烟会复燃。

火山爆发

难度系数：★★★★
建议时长：20分钟

实验视频

你见过火山爆发时的壮烈景象吗？其实利用身边常见的物品，就能模拟"火山爆发"的壮观场景。

实验材料

广口瓶1个、颜料、玻璃棒1根、小苏打20克、白醋60毫升、清水、洗洁精5毫升、茶盘1个。

怎么做？

1. 在广口瓶中加入10毫升水，并将广口瓶置于水槽中。

2. 向广口瓶中滴入1～2滴你喜欢的颜色颜料。

3. 将准备好的洗洁精和小苏打倒入广口瓶中，用玻璃棒搅拌。

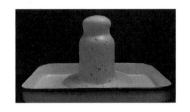

4. 将60毫升白醋迅速倒入广口瓶，观察现象。

你发现了什么？

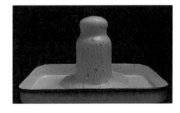

我发现：

大量泡沫产生，并从广口瓶冒出。

还能做什么？

如果不加洗洁精呢？

你的实验记录

步骤2有何现象？

步骤3有何现象？

步骤4有何现象？

思考链接

你还能用其他液体来做这个实验吗？

科学原理

小苏打的成分是碳酸氢钠，是一种碱。白醋的成分是醋酸，是一种酸。碳酸氢钠与醋酸发生化学反应产生二氧化碳气体，使得大量泡沫像火山一样喷出。

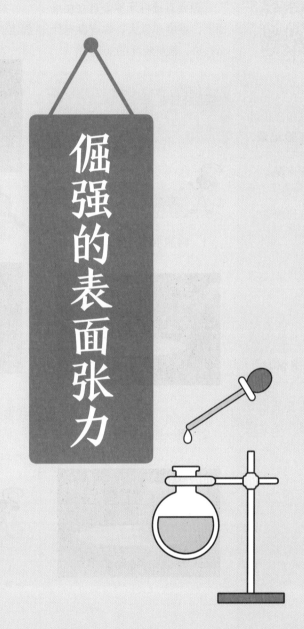

倔强的表面张力

立牙签

难度系数：★
建议时长：10分钟

你的实验记录

步骤2有何现象？

步骤3有何现象？

思考链接

你还有其他方法可以将牙签立在桌上吗？

想要直接将牙签竖直立在桌面上，难度非常大。你有没有什么办法，能够将牙签立起呢？

实验材料

清水、牙签数根、盘子1个。

怎么做？

1. 将清水倒入盘子里。

2. 将一捆牙签放入水中浸泡。

3. 将沾水后的牙签立在桌面上。

你发现了什么？

我发现：

沾水后的一捆牙签很容易就立在桌面上了。

还能做什么？

把一捆牙签换成一根，又会发生什么呢？

科学原理

单根牙签重心高，与桌面的接触面积小，因而难以直立于桌面上；把它们浸湿后，水的表面张力使每根牙签之间形成水膜，从而相互拉住形成整体，所以能稳稳地站立在桌面上。

会动的纸片

难度系数：★
建议时长：10 分钟

实验视频

你知道水黾（miǎn）吗？见过它在水面滑行吗？这里有跟它一样能自己滑行的纸片，一起来看看是怎么回事吧！

实验材料

指甲大小纸片 1 张、洗洁精、清水、盘子 1 个、一次性筷子 1 根、250 毫升烧杯 1 个、100 毫升烧杯 1 个。

怎么做？

1. 往 100 毫升烧杯中倒入 25 毫升清水，并倒入 3～5 滴洗洁精。

2. 向盘子中倒入清水，至盘子的二分之一处。

3. 将一片小纸片放到清水中①。

4. 用一次性筷子往装有清水和洗洁精的烧杯里蘸一下，注意不要蘸太多。

5. 将蘸了洗洁精的一次性筷子轻轻在小纸片旁边的水面上点一下。

你发现了什么？

我发现：

小纸片快速向前移动很长的距离。

还能做什么？

把洗洁精换成洗手液，又会发生什么？

你的实验记录

步骤 1 有何现象？

步骤 2 有何现象？

步骤 3 有何现象？

思考链接

用洗手液或者洗发水代替洗洁精做实验，会发生什么？

科学原理

水的表面有张力与浮力，所以纸片能在水面上浮起来，但当蘸有洗洁精的筷子碰到水面时，因洗洁精属于表面活性剂，能降低水的表面张力，纸片的前后会出现张力差，所以纸片朝前移动。

---

① 要使它浮在水面上且纸面上方不能有水。

水中的绘画家

难度系数：★
建议时长：10分钟

你的实验记录

步骤3有何现象？

步骤4有何现象？

思考链接

还有哪些液体的密度比颜料的密度高，可以使颜料漂浮于其上？

通常，我们是在纸上进行绘画的。我们是否可以在水中画出美丽的图案呢？

实验材料

牛奶1杯、棉签1根、颜料1瓶、洗洁精1瓶、盘子1个。

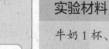
怎么做？

1. 准备好实验所需物品：盘子、牛奶、颜料、棉签、洗洁精，放于桌上待用。

2. 向盘子中倒入半盒牛奶。

3. 滴入 2 ~ 3 滴颜料到盘子中央。

4. 用棉签蘸取洗洁精，将蘸有洗洁精的棉签放入颜料中间，观察现象。

你发现了什么？

我发现：

颜料在液面上往四周扩散。

还能做什么？

把纯牛奶换成食用油，又会发生什么？

科学原理

因为牛奶的密度略高于颜料，所以颜料加入后可短时间内漂浮在牛奶的表面。加入洗洁精后，洗洁精是分子比较活泼的液体剂，分子运动快速，故洗洁精快速扩散，从而带动色素扩散。

吸附的泡泡

难度系数：★
建议时长：10 分钟

实验视频

我们吹泡泡时都喜欢用手去接泡泡，但是泡泡一碰到手就会破掉。怎样才能够接住泡泡呢？

实验材料

洗洁精 1 瓶、塑料手套 1 双、塑料吸管 1 支、清水 200 毫升、500 毫升烧杯 1 个。

 怎么做？

1. 向空烧杯中加入 25 毫升的洗洁精，再倒入 200 毫升的水，充分搅拌。

2. 用吸管蘸取泡泡水向干燥的手心吹泡泡，观察泡泡是否破裂。

3. 先戴上手套，再用吸管向戴有手套的掌心吹泡泡，观察泡泡是否破裂。

 **你发现了什么？**

我发现：

用干燥的手接不住泡泡，而戴上手套后可以接住泡泡。

 还能做什么？

把塑料手套换成棉手套，又会发生什么？

你的实验记录

步骤 1 有何现象？

步骤 2 有何现象？

步骤 3 有何现象？

思考链接

有什么办法可以让泡泡在手上停留的时间更久？

科学原理

人的皮肤会分泌油脂，油脂会改变泡泡表面张力，导致泡泡易破裂，所以用干燥的手不易接住泡泡。干净的塑料手套可以隔绝油脂，因此泡泡易附着在戴有手套的手上。（同样用泡泡水把手打湿也可以接住泡泡）

水的秘密

难度系数：★★
建议时长：20分钟

水是生命的源泉，生物的生命活动离不开水。水有哪些神奇之处？一起来探究探究吧。

实验视频

你的实验记录

步骤2有何现象？

实验材料

硬币 1 枚、胶头滴管 1 支、清水。

怎么做？

1. 将硬币选择其中一面朝上放置在桌面上。

2. 用滴管吸清水，然后一滴一滴慢慢地往硬币上滴 水，观察实验现象。

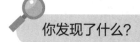

你发现了什么？

我发现：

硬币凹陷部分可以容纳许多从吸管内滴出的清水。

还能做什么？

把清水换成矿泉水、纯净水，硬币容纳哪种水更多？为什么？

思考链接

洗手时，关闭水龙头时还会有一滴水"悬挂"在水龙头上，这是为什么？

科学原理

液体与气体接触时，会形成一个表面层。在这个表面层内存在着的相互吸引力就是表面张力。它能使液面自动收缩，犹如张紧的橡皮膜，有收缩趋势，从而使液面尽可能地缩小它的表面积。而球形是在一定体积下具有最小表面积的几何形体。因此，在表面张力作用下，液体总是力图保持球形。

你的实验记录

步骤 2 有何现象？

思考链接

自然界中有许多昆虫能停在水面上，甚至在水面上爬行，为什么这些小昆虫不会沉到水底呢？

顽强的水

难度系数：★★
建议时长：20 分钟

装满水的杯子中，加入其他物品后，水一定会溢出吗？

实验材料

硬币 1 枚、胶头滴管 1 支、清水、透明水杯 1 个、回形针若干。

怎么做？

1. 将杯子里装满清水，注意不能溢出来。

2. 往杯子里一颗一颗地放回形针，观察实验现象。

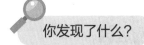

你发现了什么？

我发现：

放入若干回形针在盛满清水的透明水杯里，水没有溢出。

还能做什么？

把清水换成其他液体呢？

科学原理

当水杯中放入回形针的时候，水面升高了。但是，由于在水杯边沿的水受到水的表面张力，而保持水分子连接不脱离。因此，水杯中的水不会向外溢出。

淘气纸团

实验视频

纸团放入水中刚开始会漂浮在水面上，但过一会儿会有变化吗？如果向水中加入洗洁精又会有什么变化？

实验材料

玻璃杯2个、烧杯1个、滴管1个、洗洁精少许、纸片2张、筷子1根、清水。

怎么做？

1. 往两个杯子中倒入等量的的水，倒至杯子三分之二处。

2. 向其中一杯水中滴入两滴洗洁精。

3. 将洗洁精搅拌均匀。

4. 将纸片揉成团并同时放入两个杯子中。

你发现了什么？

我发现：

有洗洁精的杯中的纸团迅速下沉，而清水杯中的纸团无明显变化。

还能做什么？

还有什么物质能代替洗洁精进行实验？

你的实验记录

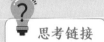

步骤4有何现象？

思考链接

洗洁精的这一特性有什么作用？

科学原理

纸的密度比水小，将纸团放进水中刚开始纸团会漂浮在水面，当纸团吸收足够多水后密度变大，就会开始下沉。而洗洁精会破坏水的表面张力，使纸吸水的速度加快，所以溶有洗洁精的杯中的纸团迅速下沉，而清水杯中的纸团无明显变化。

实验视频

戳不破的塑料袋

难度系数：★★
建议时长：10分钟

用铅笔戳破装有水的塑料袋会发生什么？水会流出来吗？有破洞的塑料袋子还能装水吗？

实验材料

水、茶盘1个、量杯1个、削尖的铅笔多支、透明的塑料袋1个。

你的实验记录

步骤4有何现象？

怎么做？

1. 一人拎好塑料袋，一人用量杯往塑料袋里倒入半袋水。

2. 将铅笔慢慢地穿过装有水的塑料袋。

思考链接

为什么袋子中水不会从破洞流出？

3. 观察实验现象。

你发现了什么？

我发现：

铅笔穿过装水的塑料袋，但是袋子里的水没有从破洞流出。

还能做什么？

把塑料袋换成气球，又会发生什么？

科学原理

铅笔表面是规则而光滑的，塑料袋是具有弹性的，当铅笔刺穿装有水的塑料袋时，塑料袋会紧紧包裹在铅笔边缘，始终保持密封状态，所以塑料袋里的水不会流出。

托水的纱布

难度系数：★★★★★
建议时长：10分钟

你见过纱布吗？纱布是生活中的常见物品，表面布满大而稀疏的孔隙。这样的纱布能托住水吗？

实验视频

你的实验记录

步骤3有何现象？

思考链接

为什么雨水不容易打湿布伞？

实验材料

水、边长为10厘米的正方形纱布1块、橡皮筋1根、广口瓶1个、量杯1个、牙签1根、茶盘1个。

怎么做？

1. 向广口瓶中加满水。

2. 用纱布网在广口瓶上，并用橡皮筋固定好。

3. 将玻璃瓶倒立，同时从纱布的网眼处向瓶内插入牙签，观察实验现象。

你发现了什么？

我发现：

水不能透过纱布流出来，但是牙签却可以很轻松地插进去。

还能做什么？

把水换成纯牛奶，又会发生什么？

科学原理

水的表面水分子之间有相互作用的拉力，叫水的表面张力。水的表面张力在水的表面形成了一层包裹层。由于纱布的眼比较小，便形成了无数个小的表面张力，它们组合成了一个更大的包裹层。大气压加上水的表面张力与水自身重力达成平衡，所以水不会漏。

小小工程制作师

A4 纸当成爆竹玩

难度系数：★
建议时长：10 分钟

实验视频

你的实验记录

步骤 1 有何现象？

步骤 2 有何现象？

思考链接

可折叠且有一定硬度的纸片能发出爆竹声响，不折叠纸是否也能发出爆裂声呢？

燃放爆竹时会产生巨大的爆裂声，A4 纸也可以发出相似的爆裂声！一起来试试吧！

实验材料

A4 纸 1 张。

怎么做？

1. 把 A4 纸按照下图方法折叠起来。

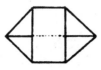

2. 抓住一端，用力一甩。

你发现了什么？

我发现：

内折部分冲出，发出巨大爆裂声。

还能做什么？

把 A4 纸换成纸巾，又会发生什么？

科学原理

纸的内折部分被甩出来的瞬间，A4 纸会产生一个三角锥形的空间，空气会在这个三角形状的空间内部剧烈振动而产生共鸣，于是发出巨大的爆裂声。

实验视频

你的实验记录

步骤 3 有何现象？

思考链接

生活中还有哪些办法能制造高低不同的声音呢？

制造声音

难度系数：★
建议时长：10 分钟

小朋友们是否有过这样的经历：当大小相同的杯子里装有不同量的水时，用勺子敲击杯子会发出高低不同的声音，这到底是什么原因？下面让我们一起来探究其中的奥秘吧！

实验材料

相同规格玻璃杯 4 只、水 1 杯、勺子 1 只、量筒 1 只。

怎么做？

1. 取 4 只玻璃杯和 1 只量筒。

2. 使用量筒分别向 3 只杯子中倒入不同量的水，最后 1 只杯子不倒水。

3. 用勺子依次敲击每一只杯子，仔细听声音是否有不同。

你发现了什么？

我发现：

敲击装有不同量水的杯子时，产生的声音高低不相同。

还能做什么？

根据你所听到声音的大小给杯子排序，发现了什么规律？

科学原理

声音是由物体振动产生的，声波通过介质传播，敲打杯口会让杯子振动，如果杯子是空的，杯壁会快速地振动，产生尖锐的声音。相反，杯子里面有水时，振动会被水放缓，声音就变得深沉。

万花尺

难度系数：★★★
建议时长：15分钟

实验视频

你的实验记录

步骤3有何现象？

思考链接

你还知道其他的万花尺吗？

你能用一个瓶盖，画出美丽的图案吗？快来一起试试吧！

实验材料

A4纸1张、圆规1个、双面胶1卷、圆珠笔1支、塑料瓶盖1个。

 怎么做？

1. 在双面胶圈内壁贴一圈双面胶。

2. 用圆规在塑料瓶盖上，随机戳一个小孔。

3. 将圆珠笔的笔尖，插入塑料瓶盖小孔中，然后让瓶盖紧贴双面胶内壁，旋转。

 **你发现了什么？**

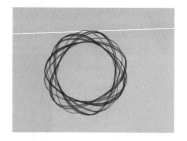

我发现：

可以画出美丽的曲线。

 **还能做什么？**

改变小孔的位置，又会画出怎样的图案？

 科学原理

万花尺也称繁花曲线规，是利用数学几何原理制作而成。通过改变母尺与子尺的半径，以及小孔距离圆心的距离，绘制出不同的曲线，形成美丽的图案。

彩虹吸管笛

难度系数：★ ★ ★
建议时长：15 分钟

吸管可以吹出美好的笛音吗？一起来试试！

实验材料

彩色吸管 6 根、剪刀 1 把、双面胶 1 卷。

怎么做？

1. 将吸管排成一排，用剪刀将其按长度依次递减方式进行裁剪。

2. 将吸管由长到短排列，并用双面胶依次粘接。

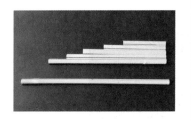

3. 用手将吸管对齐的一端适当压扁，用嘴依次吹一吹吸管。

你发现了什么？

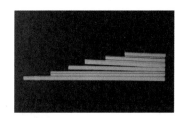

我发现：
吸管笛能吹出高低不同的声音。

还能做什么？

改变吸管的长度，再次吹一吹，你发现了什么？

你的实验记录

步骤 3 有何现象？

思考链接

吸管的用途有哪些？

科学原理

吸管被压扁后，吹入的气流不能顺利通过，气流撞击到吸管不规则的内壁，产生了漩涡，会引起共鸣，也就产生了声音。而声音的高低与吸管长度有关，长吸管产生低音共鸣，短吸管产生高音共鸣。

乒乓球弹射器

实验视频

你的实验记录

步骤2有何现象？

步骤3有何现象？

思考链接

做出来的乒乓球弹射器有多大威力？同学们可以瞄准空的矿泉水瓶试试威力如何。

小朋友们玩过"植物大战僵尸"吗？里面的玉米加农炮是不是威力十足呢？一起来做一个加农炮吧。

实验材料

矿泉水瓶1个、乒乓球1个、剪刀1把、气球1个。

怎么做？

1. 用剪刀将矿泉水瓶剪开去掉水瓶上半部分和底部，使矿泉水瓶中空。

2. 将气球打结去掉另一头套在矿泉水瓶底部。

3. 把乒乓球放到这个弹射装置中，用手捏住气球和矿泉水瓶中间连接的位置，拉动弹射装置尾部的气球，然后松开气球尾部。

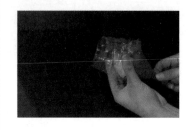

你发现了什么？

我发现：

乒乓球被弹射出去了。

还能做什么？

把乒乓球换成纸屑，会有怎样的效果？

科学原理

乒乓球非常轻巧，气球是具有弹性的。拉动气球使气球产生了形变，放手的时候，气球为了恢复原状而产生了弹性形变，这股弹性势能转化为动能，因此乒乓球被弹射出去了。

你的实验记录

步骤 1 有何现象？

步骤 2 有何现象？

步骤 3 有何现象？

步骤 4 有何现象？

思考链接

加入其他材料，又能调制出什么汽水？

自制柠檬汽水

难度系数：★★★★
建议时长：15 分钟

我们喝汽水时常常会有刺激性的感觉，这正是由于汽水中含有二氧化碳气体。因此，在生活中，我们可以尝试利用一些常见物品产生二氧化碳气体，制作柠檬汽水。接下来就让我们试一试吧！

实验材料

柠檬汁 50 毫升、小苏打 30 克、白砂糖 30 克、勺子 1 个、玻璃棒 1 根、纯净水（热水效果最佳）、300 毫升透明饮料瓶（带盖）1 个。

 怎么做？

1. 向饮料瓶中加入 200 毫升纯净水和 30 克白砂糖，搅拌直至充分溶解①。

2. 将 20 克小苏打加入饮料瓶中。

3. 立即加入 50 毫升柠檬汁。

4. 快速拧紧盖子并充分摇晃，静置。

 **你发现了什么？**

我发现：

柠檬酸和碳酸氢钠（小苏打）反应会产生大量气泡。

 **还能做什么？**

把小苏打换成食用纯碱，又会发生什么？

 科学原理

小苏打能与柠檬汁里的柠檬酸发生化学反应产生二氧化碳，这些二氧化碳气体易溶于水中，而汽水的刺激感正是由于这些溶解在水中的二氧化碳带来的。

---

① 白砂糖起调味作用，用量可根据自己口味添加。

水果电池

难度系数: ★★★★★
建议时长: 25分钟

电池是生活中常见的物品,生活中所用到的电池有锂电池、铅酸蓄电池等。而我们平常吃的一些水果中含有酸性物质,也能够用来制作电池。一起动手,来完成水果电池的制作吧!

实验材料

柠檬2个、导线3根、铜片2个、锌片2个、发光二极管1个。

怎么做?

1. 将柠檬反复的揉压。

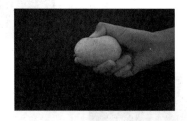

2. 按一片锌片、一片铜片的顺序依次插入柠檬果肉中。

3. 用导线将两个柠檬中的铜片和锌片串联起来。

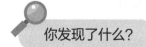

你发现了什么?

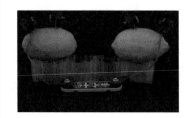

我发现:

二极管灯亮了。

还能做什么?

把柠檬换成土豆,又会发生什么?

科学原理

酸酸的柠檬汁是一种导体,并且铜片和锌片会在柠檬汁里发生化学反应,所以有许多电子在导线里运动形成电流,于是发光二极管就被点亮了。在插入锌片和铜片时候应该注意不能挨在一起,要有一段距离,形成原电池。

你的实验记录

步骤3有何现象？

思考链接

全息投影在我们生活中有哪些用途呢？

全息投影

难度系数：★★★★★
建议时长：25分钟

在许多科幻电影中，我们经常会看到这样的画面：主人公对着一个个悬浮在空中的半透明影像忙碌地操控着，非常有科技感。这到底是怎么实现的？

实验材料

透明胶1卷、三角尺1个、透明塑料膜1张、记号笔1支、白纸1张、美工刀1把。

怎么做？

1. 在白纸上画一个上底1厘米、下底6厘米、高3.5厘米的等腰三角形。

2. 以白纸为模板，在塑料膜上裁出4块大小相同的塑料片，并粘成金字塔形。

3. 将"金字塔"倒立在手机上，确保位于中心，在黑暗的环境播放视频。

你发现了什么？

我发现：

原本水平的视频影像变成竖直的影像，栩栩如生。

还能做什么？

改变塑料片的角度对影像有何影响？

科学原理 塑料片和手机屏幕成45度夹角，光线投射到塑料片后发生反射，此时影像"翻转"了90度，水平的影像变成了竖直的影像，因此便能看见立体的影像。

月相演示

难度系数：★★★
建议时长：25分钟

小朋友们观察过月亮吗？有没有发现在一年里，月亮的大小是不同的？下面就让我们一起近距离探索有关月亮的秘密吧！

实验材料

铁丝1根、乒乓球1个、马克笔1支、热熔胶枪1把。

怎么做？

1. 用马克笔在乒乓球上画出一条分割线，将乒乓球分成两半，选择一半涂上黑色。

2. 在分割线上找一处涂上少量热熔胶，并将铁丝插在热熔胶处。

3. 在黑色背景下，自东向西慢慢转动乒乓球。

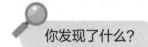
你发现了什么？

我发现：

　　将乒乓球自东向西旋转时，照亮的区域先从小到大再从大到小，依此反复，仿佛月相一般。

还能做什么？

你能演示月食现象吗？

实验视频

你的实验记录

步骤3有何现象？

思考链接

月相和月食有何不同？

科学原理

　　因为月球本身不发光且不透明，所以月球可见发亮部分是反射太阳光的部分，只有月球直接被太阳照射的部分才能反射太阳光。我们在地球上从不同的角度看到的是月球被太阳直接照射的部分，这就是月相的原理。

纸杯音箱

实验视频

难度系数：★★★★★
建议时长：25分钟

小朋友们用手机听音乐的时候，会不会觉得声音太小？要是能给手机配个小音箱会不会更好？一起来做个纸杯音箱吧！

实验材料

纸杯2个、纸筒1个、小刀1把、记号笔1支。

怎么做？

1. 在纸杯上沿着纸筒边缘描出轮廓线。

2. 沿着轮廓线裁剪纸杯，并组装纸杯和纸筒。

3. 将手机插进纸筒缝里，播放音乐。

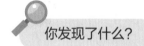

你发现了什么？

我发现：

手机插入"纸杯音箱"后，音乐声音明显变大了。

还能做什么？

有什么办法能让音乐听起来更小声？

你的实验记录

步骤3有何现象？

思考链接

声音的传播有条件吗？

科学原理

将手机插进纸筒时，听到的不仅是手机扬声器传来的声音，还有纸杯壁和纸筒反射回来的声音，多个声音叠加在一起，音量也就变大了。

简易放大镜

难度系数：★★★★★
建议时长：20分钟

小朋友们都见过或使用过放大镜吧！你们会制作放大镜吗？

实验材料

剪刀1把、塑料卡片1张、注射器1支、彩笔1支、热熔胶枪1个。

怎么做？

1. 在塑料卡片上画两个等大的圆，并剪下来。

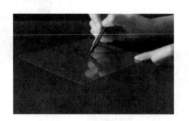

2. 将两张圆卡片用热熔胶枪沿其边缘粘在一起[①]。

3. 用注射器在粘好的装置中注满水，用热熔胶枪封口，并观察现象。

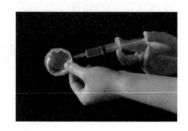

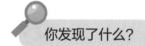
你发现了什么？

我发现：

　　用制作的放大镜观察东西，有明显的放大效果。

还能做什么？

　　试着改变水的颜色，做出彩色的简易放大镜。

你的实验记录

步骤1有何现象？

步骤2有何现象？

步骤3有何现象？

思考链接

　　放大镜的成像原理是什么吗？

科学原理　　将两个圆片粘在一起，使之中间厚两边薄，注满水之后，光线射入圆片上会发生折射，故而产生放大效果。

---

① 收尾处留一个1毫米左右的小孔。

实验视频

你的实验记录

步骤 3 有何现象?

思考链接

风是怎样形成的?

自制风向标

难度系数：★★★★★
建议时长：30 分钟

小朋友们，风有方向吗？如果有，如何测量风向呢？快来一起做一个风向标吧！

实验材料

铅笔 1 支、吸管 1 根、牙签 1 根、橡皮泥 1 袋、剪刀 1 把、纸片 1 张。

怎么做？

1. 用纸片剪出一个三角形和一个梯形。

2. 把吸管两端各剪一道小口。

3. 将三角形和梯形分别卡在吸管两端，并用牙签穿过吸管正中。

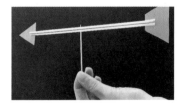

4. 用一块橡皮泥作底座；用另一块橡皮泥包住铅笔尾端，并将组装好的吸管插到铅笔尾端，将铅笔头插入底座。

你发现了什么？

我发现：

三角形指向风的方向。

还能做什么？

还有其他办法测量风的方向吗？

科学原理　风向标是用于测定风的来向的仪器，通常由一个形状不对称的物体组成，它的重心固定在一个垂直的轴上。当风吹来时，对空气流动产生较大阻力的一端便会顺风转动，以此显示风向。